La cellule solaire à hétérojonction non conventionnelle en CIGS

Seloua Bouchekouf

La cellule solaire à hétérojonction non conventionnelle en CIGS

Simulation numérique de la structure CdS/CIGS

Éditions universitaires européennes

Impressum / Mentions légales
Bibliografische Information der Deutschen Nationalbibliothek: Die Deutsche Nationalbibliothek verzeichnet diese Publikation in der Deutschen Nationalbibliografie; detaillierte bibliografische Daten sind im Internet über http://dnb.d-nb.de abrufbar.
Alle in diesem Buch genannten Marken und Produktnamen unterliegen warenzeichen-, marken- oder patentrechtlichem Schutz bzw. sind Warenzeichen oder eingetragene Warenzeichen der jeweiligen Inhaber. Die Wiedergabe von Marken, Produktnamen, Gebrauchsnamen, Handelsnamen, Warenbezeichnungen u.s.w. in diesem Werk berechtigt auch ohne besondere Kennzeichnung nicht zu der Annahme, dass solche Namen im Sinne der Warenzeichen- und Markenschutzgesetzgebung als frei zu betrachten wären und daher von jedermann benutzt werden dürften.

Information bibliographique publiée par la Deutsche Nationalbibliothek: La Deutsche Nationalbibliothek inscrit cette publication à la Deutsche Nationalbibliografie; des données bibliographiques détaillées sont disponibles sur internet à l'adresse http://dnb.d-nb.de.
Toutes marques et noms de produits mentionnés dans ce livre demeurent sous la protection des marques, des marques déposées et des brevets, et sont des marques ou des marques déposées de leurs détenteurs respectifs. L'utilisation des marques, noms de produits, noms communs, noms commerciaux, descriptions de produits, etc, même sans qu'ils soient mentionnés de façon particulière dans ce livre ne signifie en aucune façon que ces noms peuvent être utilisés sans restriction à l'égard de la législation pour la protection des marques et des marques déposées et pourraient donc être utilisés par quiconque.

Coverbild / Photo de couverture: www.ingimage.com

Verlag / Editeur:
Éditions universitaires européennes
ist ein Imprint der / est une marque déposée de
OmniScriptum GmbH & Co. KG
Bahnhofstraße 28, 66111 Saarbrücken, Deutschland / Allemagne
Email: info@omniscriptum.com

Herstellung: siehe letzte Seite /
Impression: voir la dernière page
ISBN: 978-3-8416-6459-4

REMERCIEMENTS

Ce travail a été effectué au laboratoire d'étude de matériaux et composants éléctroniques de département d'électronique, faculté des sciences de l'ingénieur de l'Université de Constantine, sous la direction de Monsieur le Professeur **Badr-Eddine MARIR**.

Mme le Professeur **Mimia MARIR** a suivi de près mes travaux de recherche. elle m'a guidé et conseillé avec beaucoup d'attention tout au long de ce travail. Je tiens à elle exprimer ma profonde gratitude, notamment pour ses compétences scientifiques de sa modestie et de sa gentillesse.

Je tient à présenter ma gratitude et ma reconnaissance à **Mr Baderdine Marir** professeur au département d'électronique, pour qui m'avoir accueilli avec tant de gentillesse dans son laboratoire, pour la confiance qui ma prodiguée et en particulier ses encouragements continuels qui m'ont permis de travailler dans des conditions favorables. Je le tiens à exprimer mes remerciements les plus sincères, pour avoir bien voulu me faire l'honneur de présider le jury.

Je remercie également **Mr Abdelhamid Bouldjedri** professeur, Université de Batna, pour avoir jugé ce travail et accepté de faire partie de mon jury de thèse.

Mes vifs remerciements également à **Mr Tahar Kherbeche**, maître de conférence à l'Université Mentouri-Constantine pour avoir faire partie de mon jury de thèse.

J'adresse mes vifs remerciements à :

-Mlle M. Hassiba, pour son aide, sa gentillesse et de sa grande disponibilité tant pour m'écouter et me conseiller

-Mon mari Tahar, ma mère et mon frère Abdelghani . Leur aide et leur soutien j'espère qu'ils trouveront ici à quel point leurs efforts et sacrifices ont été considérés .

Je remercie tout mes amis, spécialement Farida, Nawel, Naïma et touts membres de l'équipe (Le-MSE) pour leurs conseils et leur soutien.

Enfin, je tiens à remercier toutes les personnes qui ont contribué de près ou de loin à la réussite de ce travail.

Table de matières

Introduction Générale

Introduction générale

L'énergie prend une place prépondérante dans le développement de notre société. Parmi les différentes solutions d'énergies alternatives l'énergie solaire a la propriété d'être essentiellement sans limite et sans problème de pollution ou de sécurité.

Parmi les différentes formes de l'énergie solaire, la conversion photovoltaïque est la plus prometteuse.

Les cellules solaires sont des dispositifs photovoltaïques qui convertissent la lumière du soleil directement en courant électrique. Elles ont eu une place importante dans le développement des programmes spatiaux.

Pour les besoins énergétiques terrestres le silicium tient la place la plus importante sur le marché car il possède une technologie bien établie pour la microélectronique mais le rendement est peut élevé , donc il faut tourner vers d'autres possibilités. Reynolds a imaginé la première hétérostructure Cu_2S/CdS (1954) [1], de fabrication plus simple que le Si. En 1975 Shay et Wagner proposèrent de remplacer la phase chalcocite Cu_2S instable par la chalcopyrite $CuInSe_2$ (CIS) [2]. Le développement des recherches sur les structures cristallines à gap direct (α élevé) permet de basculer vers la filière des couches minces. Les recherches sur les cellules solaires en couches minces à base de $CuInSe_2$ ont montré l'intérêt de ce composé pour la conversion photovoltaïque pulsque le rendement théorique pouvait atteindre 26 % [3], où La première structure hétérojonctions à base de CIS (cellule primitive) a été faite par Boeing [4], au début des années 1980 avec un rendement de 10%[5]. Le résultat de Boeing à été surpassé en 1987 par Arco avec un rendement de 14.1% [6]. Après cela l'efficacité des cellules solaires basées sur le CIS a été dépassé 17% [7]. En fait, l'introduction du gallium à la place de l'indium dans le composé

CuInSe$_2$ permet d'obtenir le CIGS et d'améliorer l'adaptation du gap à la conversion photovoltaïque. D'où notre intérêt à étudier les cellules solaires à base de Cu(In,Ga)Se$_2$ (CIGS) polycristallin et en couches minces, le CIGS qui pourra constituer l'un des matériaux de base des cellules solaires les plus performantes.

L'avantage de ce matériau est qu'il permet d'ajuster la valeur du gap et des paramètres cristallographiques dans le but d'une part de se rapprocher de la valeur optimale du gap pour la conversion photovoltaïque et d'autre part, d'assurer un meilleur accord de maille entre les deux matériaux dans une hétérojonction. En 1998 les premiers modules à base de CIGS sont disponibles dans le commerce, en l'an 2000, la production pilote envisagée aux U.S.A par NREL de rendement de 18.8% sur une surface de 0.5 cm2 pour une cellule de laboratoire et d'un rendement de18.5% aux Japon par Showa et Matshushita.[8] et de 14.7% pour des mini-modules avec une surface d'environ 20 cm^2. Le début de la production en plusieurs endroits fournit un nouveau défi également pour la recherche sur ce matériau où la connaissance sur le CIGS est encore insuffisante comparé à ce qui est connu au sujet du silicium cristalline.

Le but de ce travail qui fait partie d'un accord de CNRS avec le CEM$_2$ de Montpellier est d'étudier par simulation les caractéristiques de la cellule photovoltaïque à hétérojonction à base de CIGS et d'extraire les performances optimale pour la structure CdS/Cu(In,Ga)Se$_2$.

Dans le premier chapitre nous présentons principalement les notions de base pour le rayonnement solaire et le convertisseur à effet photovoltaïque (la cellule solaire); l'absorption et la génération des paires é-e$^+$ le principe de fonctionnement, schéma équivalant, la détection des caractéristiques électriques d'une cellule ainsi qu'une présentation des différents types des photopiles les plus courants.

Le deuxième chapitre aura pour objet l'étude théorique des hétérojonctions et la découverte du CIGS.

Pour le chapitre III notre réflexion est consacré à la photopile CdS/CIGS. Une étude théorique des caractéristiques de la cellule solaire CdS/CIGS est présentée; nous présenterons la structure de notre cellule et le diagramme de bande, ainsi que les calculs du photocourant de la cellule en vue d'extraire les caractéristiques de sortie de cette dernière.

Dans le chapitre IV nous présentons l'analyse des résultats de la simulation de la cellule étudiée.

Finalement, une conclusion résumant les résultats obtenus et des perspectives d'avenir.

CHAPITRE I

Le rayonnement solaire et

l'effet photovoltaïque

Introduction

La conversion directe de la lumière en énergie électrique s'obtient par l'intermédiaire des cellules solaires, selon un processus appelé couramment effet photovoltaïque. Pendant lequel les photons du rayonnement solaire qui sont absorbés cèdent leur énergie aux électrons de la matière

Une cellule solaire est ainsi constituée d'un matériau absorbant et d'une structure collectrice. Suivant la nature de l'environnement dans lequel est placée la cellule solaire (l'espace où la terre), elle va avoir des caractéristiques électriques différentes. Ceci est dû au fait que la lumière qui arrive à la surface de la terre est filtrée par l'atmosphère terrestre.

Ce chapitre traite le rayonnement solaire et les distributions du spectre solaire, ainsi que l'étude d'une cellule solaire; le mécanisme d'absorption de la lumière par un semiconducteur et la génération des paires é-e$^+$, le principe de fonctionnement, le schéma électrique équivalent, présentation des caractéristiques électriques ainsi que la description de la structure fondamentale d'une cellule solaire.

A) Le rayonnement solaire.

1) Le soleil

Le soleil est une étoile de taille moyenne de 10 milliards d'années de durée de vie .actuellement à peu prés au milieu de cette vie. Comme toute étoile, Le soleil provient de la condensation d'un nuage interstellaire sous l'effet de la gravitation et est essentiellement composé d'hydrogène d'hélium et en moindre quantité de carbone, d'azote et d'autre éléments. Situé a $14945*10^4$ Km de la terre, on y. distingue en gros trois principales zones concentrique (Fig I-1) [1] :

9

-*L'intérieur,* qu'on peut subdiviser en une zone centrale ou cœur où la température atteint 10^7K, puis une zone radiative et une zone convective d'on l'énergie est transportée vers l'extérieur respectivement par rayonnement et convection.

-La photosphère, d'environ 400 Km d'épaisseur, très importante en conversion solaire car presque tout le rayonnement reçu provient d'elle ; sa température, dite de surface est de 4500K.

-*La zone externe* , qu'on peut aussi subdiviser en chromosphère , d'environ 10^4Km d'épaisseur rosée presque transparente , en couronne, et en zone du vent solaire d'en du plasma est émis dans l'espace.

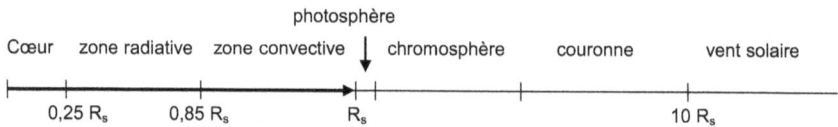

Fig I-1 : principales zone concentriques du soleil (échelle nom respectée)
R : rayon du soleil = 695*10^3Km [1].

Le soleil est donc une source très intense d'énergie lumineuse, puisant principalement cette énergie de réactions thermonucléaires. Un rayon lumineux peut être considéré de deux manières :

-le modèle ondulatoire : Le rayonnement est une onde de fréquence « v » en hertz et de longueur d'onde « λ » en m.

-Le modèle corpusculaire : Le rayon lumineux est composé de multitude de très petite particules, les photons qui traversent l'atmosphère en ligne droite et a vitesse constante, dont l'énergie individuelle de photons (en joule) est égale au produit de la constante de planck par la fréquence de rayonnement E=hv .

2) Distribution spectrale a la limite de l'atmosphère

A la distance moyenne de révolution de la terre autour du soleil, la courbe de l'éclairement monochromatique $i(\lambda)$ (W/m²/μm) du soleil est nommée spectre d'intensité réduite du rayonnement solaire Thekaekara publie en 1972 un spectre d'intensité réduite couramment utilisé jusqu'à présent, légèrment corrigé depuis par quelques auteurs (Fig I-2) [1, 9, 10].

Le maximum de l'éclairement monochromatique étant à λ_M=0,5 μm, l'éclairement total I(en W/m²) s'écrit en fonction de l'éclairement monochromatique $i(\lambda)$:

$$I = \int_0^{\infty} i(\lambda)d\lambda \qquad\qquad (I\text{-}1)$$

Pendant longtemps, notamment à cause des travaux de Thekaekara, on a admis que le soleil rayonnait I_{atm}=1353 W/m² à la limite de l'atmosphère. De récentes mesures par satellites, entre 1978 et 1981 indiquent plutôt 1373 W/m² [1].

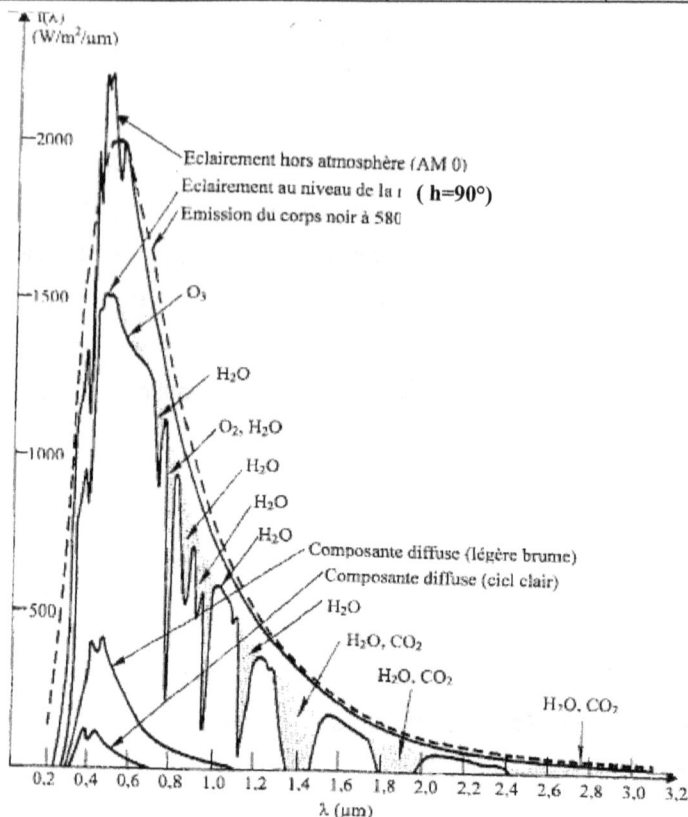

Fig I-2 : Distribution spectrales du rayonnement solaire [1].

3) Intensité au sol et concept de masse d'air

Le rayonnement solaire émis sous forme de radiations électromagnétiques s'étend de l'ultraviolet à l'infrarouge. Soit une longueur d'onde qui s'échelonne de (0,4 à 4 µm),

Les modifications apportées au rayonnement direct par l'atmosphère dépendent directement de l'épaisseur d'air traversée et donc et donc de la hauteur du soleil. On prend pour référence unité l'épaisseur verticale de l'atmosphère moyenne (épaisseur réduite à 7.8 km) [10]. On suppose cette couche plane et stratifiée horizontalement et on admet un trajet rectiligne des rayons lumineux. La longueur de ce trajet est donc (figure I-3):

$$OM = \frac{OA}{\sin(h)} \qquad (I-2)$$

A une pression p différente de 1013 mbars et à une altitude z (km), on désigne par « masse atmosphérique » ou « nombre d'air-masse » le nombre m obtenu en posant OA=1 :

$$m = \frac{p}{1013} \frac{1}{\sinh} \exp\left(\frac{-z}{7.8}\right) \qquad (1-3)$$

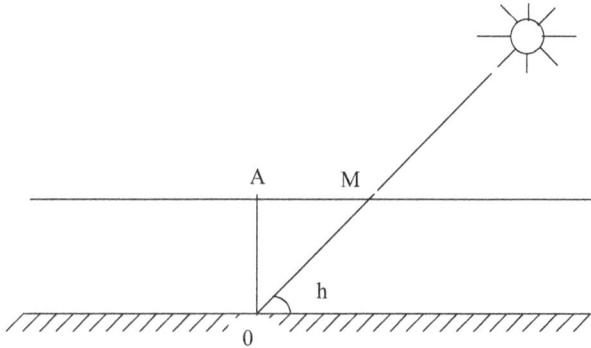

Fig I-3 : *Définition du nombre d'air masse en première approximation (terre plate),* $m = \frac{1}{\sin(h)}$ *[10].*

Dans les cas usuels la relation (I-2) est suffisantes donc :

$$m = \frac{1}{\sin(h)} \qquad (I-4)$$

Partant de la, le spectre solaire est subdivisé en plusieur « masse d'air » de l'anglais « air mass (AM) ».

13

- Lorsque le soleil à Zenith ; on dit qu'on a les conditions AM_1 car les rayons lumineux traversent une atmosphère unité de 7,8 km (AM_1 : nombre air mass 1 car $m=\dfrac{1}{\sin(90°)}=1$), soit une puissance incidente de 925 W/m^2.

- Avec un soleil à 30° sur l'horizon, on obtient les conditions AM_2 ($m=\dfrac{1}{\sin(30°)}=2$), la puissance incidente est de 691 W/m^2.

B) Le convertisseur à effet photovoltaïque

1) Interaction photon-électron (concept de base de la cellule photovoltaïque)

La conversion photovoltaïque est une conséquence de l'effet photovoltaïque, qui est l'interaction des photons avec la matière, pendant la quelle les photons sont absorbés cédant leur énergie aux électrons de matière [1], à la condition que le niveau énergétique final de l'électron soit autorisé et libre [9].

Lorsque $T \to$ $0°k$, la théorie des bandes de solides fondée principalement sur la périodicité du champ cristallin, considère (Fig I-4) :

-la dernière bande saturée en électrons ou bande de valence (BV) de maximum E_v

- la bande partiellement ou complètement vide d'électron ou bande de conduction (BC) de minimum E_c.

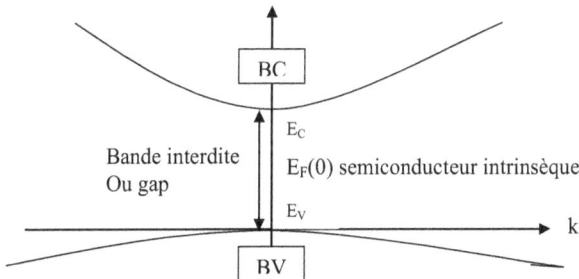

Fig I-4 : *Schéma de bande de valence, de conduction, et interdite ou gap d'un semiconducteur [11,12].*

S'il existe des électrons dans la BC, le matériau est conducteur ; si non, c'est ou un semi-conducteur ou un isolant. La frontière entre semiconducteur et isolant repose sur la largeur de la bande interdite « gap » $E_g = E_c - E_v$; en admet pour les isolants $E_g > 5ev$.

Dans un métal, le niveau de Fermi $E_F(0)$ se trouve dans la bande de conduction, et les électrons de cette bande suffisent pour expliquer le courant électrique ; dans un semi-conducteur ou dans un isolant $E_F(0)$ est dans la bande interdite (Fig I-4) et a priori pas d'électrons dans la bande de conduction ; un électron y arrivant, venant de la bande de valence, laisse dans cette dernière bande un trou ou lacune. Pour un métal ou un semiconducteur dégénéré n, $E_F(0)$ est dans BC, par contre, si le semiconducteur est de type p, $E_F(0)$ est proche de E_v.

2) Absorption- Génération optique de paires électron-trou

Si une intensité $I_i (\lambda)$ incident sur une surface de coefficient d'absorption $\alpha(\lambda)$ et coefficient de réflexion $R(\lambda)$ est absorbée et devient à une profondeur x selon la loi de Bougner-Lambert [13].

$$I(\lambda, x) = I_i(\lambda)(1 - R(\lambda))\exp(-\alpha(\lambda)x) = I(\lambda, 0)\exp(-\alpha(\lambda)x) \qquad \text{(I-5)}$$

Ou encore, le flux incident de photons de longueur d'onde λ. $\Phi_i(\lambda)$ devient à la profondeur x le flux $\Phi(\lambda, x)$ selon :

$$\Phi(\lambda, x) = \Phi_i(\lambda)(1 - R(\lambda))\exp(-\alpha(\lambda)x) = \Phi(\lambda, 0)\exp(-\alpha(\lambda)x) \qquad \text{(I-6)}$$

On définit le taux d'absorption volumique des photons $A(\lambda, x)$ (photons/cm^3/s) par :[1]

$$A(\lambda, x) = \frac{\partial \Phi(\lambda, x)}{\partial x} = \alpha(\lambda)\Phi(\lambda, x) \qquad \text{(I-7)}$$

Pour qu'il y ait génération optique des paires électrons-trous, il faut que les photons soient d'énergie $\geq$ Eg [14].

De plus, comme les principales radiations exploitables du spectre solaire sont situées dans le visible et le proche infrarouge, (entre 0,4µm et 1,6 µm : Fig I-2) , on comprend facilement que les seules transitions possibles auront des énergies comprises entre 0,7ev et 3ev , ce qui conduit à privilégier les matériaux semi-conducteurs dont le gap se situe dans cette gamme d'énergie.

Un rapport entre le nombre de paires électrons-trous générées et le nombre de photons absorbés : c'est le rendement quantique $\gamma(\lambda, x)$, soit en x $G(\lambda, x)$ le taux de génération volumique de paires pour une onde monochromatique, on a : [1]

$$\frac{G(\lambda, x)}{\gamma(\lambda, x)} = A(\lambda, x) = \alpha(\lambda)\Phi(\lambda, x) \qquad \text{(I-8)}$$

Des photons absorbés pourront générer ainsi des paires é-e$^+$ provoquant l'effet photovoltaïque dans des conditions appropriées. La génération optique des paires é-e$^+$ est le phénomène le plus important sur lequel repose le fonctionnement des photopiles ; et le taux de génération volumique $G(\lambda, x)$, étant proportionnel à $\alpha(\lambda)$, ce dernier sera très important en conversion photovoltaïque. Ceci explique déjà en grand partie l'importance des ternaires $CuInSe_2$ (CIS), $CuGaSe_2$ (CGS) et le quaternaire $Cu(In, Ga)Se_2$ (CIGS), avec leur coefficient d'absorption élevé.

Dans un métal, les électrons peuvent absorber l'énergie des photons et passer à un niveau d'énergie supérieur, puis par thermalisation retourner très rapidement (après quelques picoseconde) a l'état initial, on ne peut utiliser les métaux pour la conversion puisque l'énergie étant perdue en énergie thermique lorsqu'elle est absorbée ; sinon elle est réfléchie. Dans un isolant, il ne peut y avoir de circulation de courant, il reste forcément comme déjà indiqué les semi-conducteurs dont le gap idéal se situe autour de 1,35ev (la largeur de bande interdite dans les semi-conducteurs est 0,6< Eg <2 eV), de plus la durée de vie des porteurs ainsi générés est bien

17

supérieur a celle des électrons dans un métal (rapport de l'ordre de 10^6) [1, 10]. Ceci laisse beaucoup plus de temps pour séparer les électrons des trous, combattre les recombinaisons électrons-trous et générer un courant électrique, tout ceci sous l'influence d'un champ électrique. Ce champ sera disponible grâce à une jonction P-N ou une hétérojonction.

3) Recombinaison

Lors d'une génération des paires électrons-trous, il faut aussi considérer le processus inverse ou recombinaison des paires électrons-trous, permettant de définir les taux de recombinaison R_n pour les électrons, R_p pour les trous par :

$$R_{n,p} = \frac{\Delta n, p}{\tau_{n,p}}$$ (I-9)   avec;

$\Delta n, p = n, p - n_e, p_e$; la densité des porteurs générés,

n_e, p_e densité à l'équilibre,

$\tau_{n,p}$; durée de vie de ces porteurs.

3-1) Les recombinaisons en surface

La surface est la limite de la périodicité, c'est une zone de défaut par rapport au cristal. Elle représente le siège d'états d'interface [14], dont les niveaux d'énergie peuvent se situer dans le gap. Certains de ces états jouent le rôle de centre de recombinaison. La durée de vie des porteurs en surface et de ce fait toujours inférieure à la durée de vie en volume. Il en résulte que dans un semiconducteur excité, la densité des porteurs excédentaires en surface est toujours inférieure à sa valeur en volume, dans un semiconducteur de type N par exemple, ceci provoque un courant de diffusion des trous au voisinage de la surface de densité :

$$qDp\left(\frac{\partial \Delta p(x)}{\partial x}\right)_{x=0} \qquad\qquad\qquad \text{(I-10)}$$

(D_p; constante de diffusion, $\Delta p(x)=p(x)-p_e$, p_e densité à l'équilibre). En divisant (I-10) par $q\Delta p(x)$, on définit la vitesse de recombinaison en surface V_{RS} [1,10] (habituellement en cm/s) :

$$V_{RS}=\frac{D_p}{\Delta p(x)}\left(\frac{\partial \Delta(x)}{\partial x}\right)_{x=0} \qquad\qquad \text{(I-11)}$$

Dans le cas des semi-conducteurs polycristallins une vitesse de recombinaison au niveau des joints de grains se manifeste également. Des techniques de passivation toutefois permettent de diminuer ces différentes vitesses de recombinaison.

Si le taux d'absorption A(α) est élevé, V_{RS} est aussi élevé, car la génération des paires électrons-trous se fait dans une zone très mince de plus en plus proche de la surface la jonction devra être très proche de la surface, il faut donc protéger les paires générées contre cette recombinaison en surface [1, 10].

3-2) Les recombinaisons en volume

Les mécanismes des recombinaisons en volume peuvent être résumés comme suit :

- *La recombinaison radiative (émission spontanée)* : C'est le mécanisme inverse de l'absorption optique, l'énergie de la paire électron-trou est libérée sous la forme de photon [1, 9, 10].
- *La recombinaison Auger* : L'énergie fournie au système par la recombinaison (au lieu d'être rayonnée) est transmise à un électron de la bande de conduction ou de valence qui passe à un niveau supérieur.

La densité du courant de recombinaison est proportionnel à l'épaisseur du matériau, donc il faut diminuer l'épaisseur du dispositif .

- *La recombinaison indirecte par l'intermidière d'un niveau profond* : un électron et un trou passent à un niveau profond dans la bande interdite et s'y recombinent, ce mécanisme dit de « *Hall-Shockley-Read* » [15]. Ces niveaux profonds sont crées par des impuretés, ce type est caractérisé par la durée de vie ($\tau_{n,p}$) puisque ce sont les défauts et les pièges qui limite la durée de vie.

4) La cellule solaire

4-1) Fonctionnement d'une cellule photovoltaïque

Le fonctionnement des cellules solaires est basé sur l'effet photovoltaïque, c'est d'ailleurs pourquoi on les appelle aussi cellules photovoltaïques. La conversion interne directe de l'énergie solaire en énergie électrique nécessite un dispositif constitué d'un matériau absorbant dans la bande optique exploitable par le spectre solaire, de plus un champ électrique devra être présent pour déplacer les électrons dans un tel milieu de résistance non nulle. La jonction PN ou celle métal/semi-conducteur, avec un champ électrique dans la zone de déplétion est la solution.

A l'équilibre (dans l'obscurité), il n'y a pas de courant : la diffusion des porteurs majoritaires vers la zone où ils sont minoritaires crée des charges qui donnent naissance a ce champ électrique ; ce champ crée un courant de porteurs minoritaires, opposé au courant de majoritaires. Lorsqu'on éclaire, les photons génèrent dans la zone de déplétion (2) des paires électrons-trous : l'électron crée se déplace de la zone chargée négativement (zone P) où il est minoritaire vers la zone de charge opposée ; de même, le trou se déplace en sens inverse. De plus les porteurs minoritaires de la zone avant (1) et de la zone arrière (3) diffusent vers la jonction ou ils sont propulsés par le champ électrique vers la région où ils deviennent majoritaires, ils participent également à I_{ph} [16, 17] (Fig I-5).

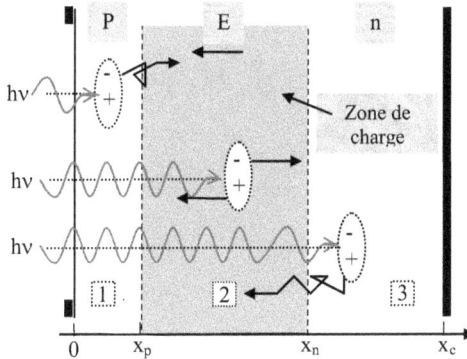

P   E   n

hν   Zone de charge

hν

hν

1   2   3

0   x_p x_n x_c

Fig I-5 : Principe de fonctionnement d'une cellule photovoltaïque [14]

Il y a génération de courant, de sorte que la photopile est souvent considérée sous le modèle de Norton comme un générateur de courant I_{ph} appelé « courant d'éclairement en court-circuit » ou « photocourant ». Par équivalence au modèle de Thévenin, on peut aussi concevoir d'une f.e.m, plus précisément « force photo électromotrice » (f.p.e.m) relativement à la d.d.p d'équilibre V_d due au contact qui existait déjà [1].

L'effet photovoltaïque consiste donc en cette apparition d'une f.p.e.m , suite à l'effet photoélectrique interne au voisinage de la surface de contact dans la jonction. L'effet photoélectrique interne modifie la distribution équilibrée (dans l'obscurité)des porteurs, faisant surgir dans la zone de déplétion des porteurs libres. Sous l'influence de la d.d.p d'équilibre V_d, ces porteurs se déplacent, ce qui tend a diminuer cette d.d.p et avec le courant de diffusion en plus, ils génèrent dans tout le circuit un courant I qu'on peut aussi considérer comme provoqué par cette f.p.e.m [1] (Fig I-6) .

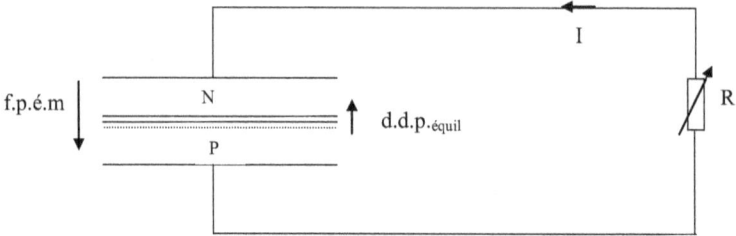

Fig I-6 : Concept de base d'une photopile [1]

Ce processus engendre une tension photovoltaïque car les porteurs générés par le rayonnement et séparés par le champ interne vont s'accumuler de part et d'autre de la jonction, induisant une autopolarisation de la jonction dans le sens passant. Cette autopolarisation induit un courant de diode $I_d(V)$ dans le sens direct opposé au photocourant (I_{ph}) [14]. De plus dans la pratique, d'autre phénomènes nuisibles se manifestent, « shuntant » la photopile, comme le courant de fuite par les bords, phénomènes qu'on exprime par une résistance de shunt R_{Sh} et un courant I_{Sh}. Finalement, il reste dans le circuit un courant I [16,17] :

$$I = I_{ph} - I_d(V) - I_{Sh} .$$
(I-12)

4-2) Schéma électrique équivalent d'une cellule photovoltaïque

Les photons d'énergie $\geq E_g$ perturbent la jonction, provoquant un photocourant I_{ph} et une tension V aux bornes du récepteur. Il faut tenir compte de la résistance interne R_s de la photopile provoquée surtout par les phénomènes de contact. Le courant de diode provient des phénomènes de diffusion dans les régions quasi-neutres avant et arrière, qu'on peut noter

22

$$I_d = I_s \left[\exp\left(\frac{V + R_S I}{U_T} \right) - 1 \right] \qquad \text{(I-13)}$$

($U_T = \frac{KT}{q}$ potentiel thermodynamique, $\approx$ 26 mV à la température ambiante) .

R_s :résistance serie.

le circuit équivalent d'une cellule solaire est représenté par la figure (Fig I-7). Le photocourant est représenté par un générateur de courant I_{ph}, il est de sens opposé au courant de polarisation directe de la diode. Il faut tenir compte de la résistance interne R_S de la photopile provoquée par les contacts métalliques et due essentiellement aux doigts métalliques de la grille et au matériau lui même sur la surface supérieure, la résistance shunt R_{Sh} provoque:

$$I_{Sh} = \frac{V + R_S I}{R_{Sh}} . \qquad \text{(I-14)}$$

R_{Sh} : résistance shunt.

Avec tout ceci, on a le schéma de fonctionnement électrique équivalent :

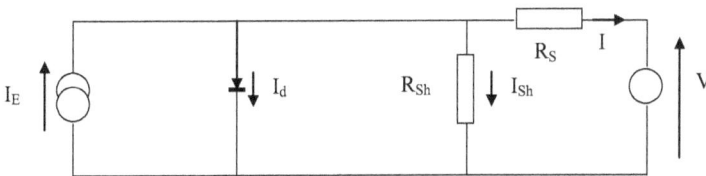

Fig I-7 : Schéma électrique d'une photopile [1, 9] .

I(V) étant nommée « caractéristique de la photopile », on peut écrire :

$$I(V) = I_{ph} - I_S\left[\exp\left(\frac{V + R_S I}{U_T}\right) - 1\right] - \frac{V + R_S I}{R_{Sh}} . \qquad \text{(I-15)}$$

4-3) Caractéristique idéale

Dans le cas idéal : $I_{Sh} \approx 0$ (R_{Sh} élevé) et $R_S \approx 0$, la caractéristique $I(V)$ devient [1]:

$$I(V) = I_{ph} - I_S\left[\exp\left(\frac{V}{U_T}\right) - 1\right]. \qquad \text{(I-16)}$$

Sous les conditions de court- circuit, les électrons drainés par le champ interne de la jonction vont donner naissance à un courant de court-circuit I_{sc} qui correspond au photocourant I_{ph} généré par le rayonnement, le photocourant est proportionnel au nombre de porteurs générés par unité de temps.

Si la cellule photovoltaïque est laissée en circuit ouvert sous illumination, les porteurs générés par le rayonnement est séparés par le champ interne de la jonction vont s'accumuler dans la zone n pour les électrons et dans la zone p pour les trous. Ceci conduit à une autopolarisation directe de la jonction, cette autopolarisation induit un courant de diode dans le sens passant. La tension mesurée alors entre les électrodes sera la tension de circuit ouvert V_{co} [9].

Donc :

- le courant de court-circuit (V=0) est $I_{sc}=I_{ph}$;
- la tension en circuit ouvert (I=0) est :

$$V_{co} = U_T \ln\left(\frac{I_{sc}}{I_S} + 1\right). \qquad \text{(I-17)}$$

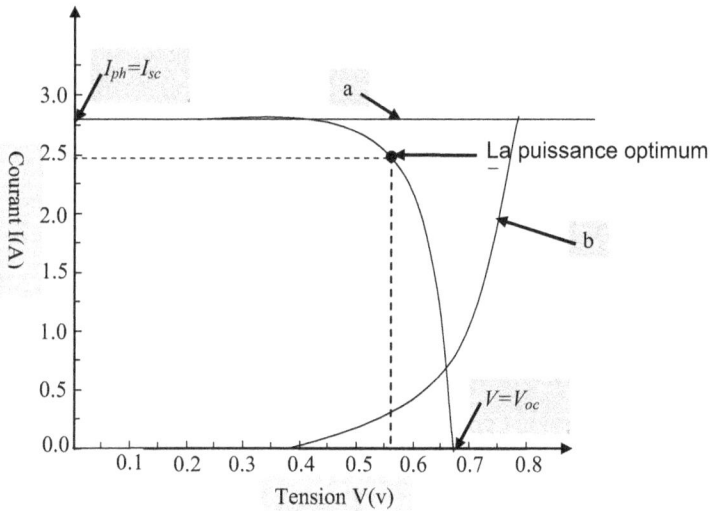

Fig I-8 : la caractéristique théorique pour une cellule en SI. Courbe (a) I_{ph}, courbe (b) courant d'une diode à la tension V [10].

Le facteur de forme : ce facteur mesure la forme carrée de la caractéristique I(V), il est donné par :

$$FF = \frac{V_M I_M}{V_{co} I_{cc}}.$$ (I-18)

V_M et I_M étant les valeurs de la tension et de l'intensité à la puissance maximale

Le rendement de conversion: est le rapport entre la puissance maximale que peut délivrer une collule solaire et la puissance du rayonnement solaire qu'elle reçoit. Si P_i la puissance du rayonnement solaire incident (en W/m^2), S la surface de la photopile (en m^2), le rendement de conversion η est alors :

$$\eta = \frac{V_M I_M}{P_i S} \quad .$$

(I-19)

4-4) Structure fondamentale d'une photopile

Nous venons de présenter le dispositif de base par lequel grâce a l'effet photovoltaïque, un courant peut être généré dans le circuit. Ce dispositif doit à la fois laisser passer le plus de photons possible à l'avant et recueillir le plus de porteurs générés possible.

- La face arrière ne pose aucun problème majeur pour la collecte, une couche conductrice en principe suffit ; s'il existe encore une certaine intensité lumineuse à ce niveau, une couche réfléchissante est de plus préférable, cette réflexion contribue à collecter davantage de lumière, les photons restant traversant de nouveau la jonction.

-La face avant doit être suffisamment transparente pour permettre aux photons d'atteindre la jonction, un oxyde transparent conducteur (O.T.C) comme le ZnO de faible épaisseur devra être utilisé pour les couches minces, une grille conductrice pour l'autre filière en général [1,10]. Nous verrons enfin que d'autres couches minces de différents matériaux, déposées à l'avant ou à l'arrière de la jonction, pourront être utilisées, notamment dans les hétérojonctions pour augmenter le rendement.

La photopile est dissymétrique, dans la jonction P-N le coté face au soleil est appelé émetteur, l'autre base ou absorbeur. L'épaisseur de l'émetteur sera très faible par rapport de l'absorbeur, pour que les photons atteignent l'absorbeur, la mobilité des électrons est toujours supérieur à celles des trous, on préfère surtout dans les photopiles a gap direct le coté p comme absorbeur [1],[9]. La structure est d'habitude N^+P pour les semi-conducteurs a gap direct, cette structure fondamentale est schématisée à la (Fig I-9).

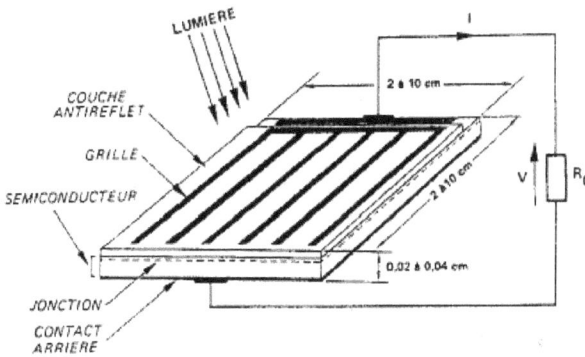

Fig I-9 : La structure fondamentale d'une cellule solaire [1].

5) Amélioration du rendement

Pour améliorer le rendement de la conversion photovoltaïque, on a recours a différentes techniques, citons celles utilisées à la face éclairée de la cellule, la texturisation, le dépôt de couches antireflets et de passivation, ainsi que la création du champ électrique à l'avant et à l'arrière [9] .

5-1) Effet du confinement optique

Le confinement optique tend à réduire les réflexions en face avant et arrière ; les techniques usuelles utilisées sont soit la texturisation de la surface avant par création de pyramide (Fig I-10) permettant une multitude de réflexions de la lumière à la surface soit par l'introduction des couches antireflets [9,10,18].

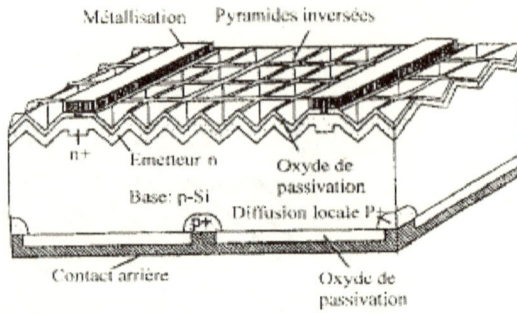

Fig I-10 : La cellule PERL développée à L'UNSW [9]

5-2) Effet de la passivation

La passivation des défauts en surface et en volume reste critique pour améliorer le rendement des cellules photovoltaïques, un nombre important de techniques de passivation existe lors du processus de fabrication des cellules. La passivation des liaisons pendantes à la surface par la croissance d'un oxyde thermique.

5-3) Effet d'un champ avant ou arrière (BSF)

Les recombinaisons à la surface arrière existent à cause des contacts métalliques, pour les combattre et de plus générer et collecter des paires par les radiations de grande longueur d'onde pour les quelles la photopile est transparente, il a été proposé d'utilisé un champ électrique par variation du dopage ou du gap sur la face arrière (jonction PP$^+$ pour une photopile N$^+$P), dans cette zone les porteurs minoritaires injectés sont repoussés vers la jonction et participent au photocourant [1].

Réciproquement, on peut selon les mêmes principes créer un champ à l'avant. En effet, les pertes par recombinaisons en surface et dans la zone proche sont sensible surtout dans les hétérostructures où la jonction a priori doit être proche de la surface, si l'on veut que la jonction n'affleure pas trop la surface, diminuer la vitesse de recombinaison en surface et augmenter le rendement de conversion, une solution intéressante est de développer un champ en zone avant [1].

6) les principales filières de photopiles

On peut relever deux principales filières de photopiles :

a) Les photopiles à couches actives épaisses, environ 150 µm d'épaisseur à gap indirect (α faible, le matériau prédominant est le silicium, semiconducteur de l'industrie puisque sa source est très répondue sur la planète (environ 20% du sol). Au (Tableau I-1) se trouvent les caractéristiques des meilleures photopiles au silicium, à 25°C, sous un éclairement solaire de 1 kw/m^2.

Date	Superficie (cm^2)	U_{co} (mV)	J_{cc} (mA/cm^2)	FF (%)	η (%)	Entreprise
Monocristallin						
9/94	4,00	709	40,9	82,7	24,0	UNSW
10/85	4,02	634	36,3	81,6	18,8	Spire
Polycristallin						
12/95	1,00	636	36,5	80,4	18,6	Georgia
3/93	100,00	610	36,4	77,7	17,2	Tech
						Sharp

Tah I-1: Caractéristique des meilleures photopiles "épaisses" au Si [1].

b) Cependant, notamment pour des raisons économiques (utilisation d'une plus faible quantité de matériau) ; beaucoup de chercheurs travaillent sur les photopiles de plus faible épaisseur (20 à 60 µm de couches active) ; c'est la filière des couches minces.

29

-L'un des objectifs visés est la diminution de l'épaisseur dans le cas des photopiles au silicium, puisque c'est le semiconducteur le plus courant, par conséquent qui a été très étudié, et dont les propriétés sont donc assez bien connues. On peut présenter cette voie comme celle des couches minces à structure cristalline à gap indirect, cette recherche a démarré il y a seulement quelques années et donc les rendements sont encore faible, les cellules sont encore au stade de laboratoire.

Date	Superficie (cm^2)	U_{co} (mV)	J_{cc} (mA/cm^2)	FF (%)	η (%)	Entreprise
8/95	4,04	699	37,9	81,1	21,1	UNSW
9/94	4,02	651	32,6	90,3	17,0	ANU

Tab I-2 : Caractéristiques des meilleures photopiles à couches minces [1].

- Un matériau amorphe est particulièrement dans la course, le silicium amorphe hydrogéné (a-Si :H), offrant de meilleures possibilités de dopage que le silicium amorphe (a-Si) surtout absorbant bien davantage les rayons solaires que le silicium monocristallin ce qui favorise son utilisation dans cette filière de couches minces.

Date	Superficie (cm^2)	U_{co} (mV)	J_{cc} (mA/cm^2)	FF (%)	η (%)	Entreprise
4/92	1,00	887	19,4	74,1	12,7	Sanuo
1/92	0,28	1621	11,72	65,8	12,5	USSC/Canon

Tab I-3 : Caractéristiques des meilleures photopiles au a-Si :H à couches minces [1].

-La recherche se développe parallèlement sur les structures cristallines à gap direct (α élevé).

• Le semiconducteur monocristallin le plus utilisé est le GaAs, ou assez souvent, les solutions solides (Ga, Al)As. C'est le matériau le plus performant au point de vue rendement de conversion (supérieur à 20%), ce qui le rend très intéressant dans les applications spatiales, quoique sa densité soit 2,3 fois supérieure à celle du silicium. Actuellement, les meilleurs rendements sont atteints avec la jonction (Ga, In)P/GaAs en structure tandem (Tab I-4).

- Les matériaux polycristallins les plus prometteurs en couches minces jusqu'à présent sont

le CIGS et le CdTe, en hétérojonction avec le (Zn, Cd)S. Le gap du CdTe et de 1,45 eV est proche de la valeur optimale théorique pour les photopiles terrestres; mais celui du CIGS peut être ajusté entre de 1,02 eV de CIS et de 1,68 eV de CGS.

Date	Superficie (cm^2)	U_{co} (mV)	J_{cc} (mA/cm^2)	FF (%)	η (%)	Entreprise
(Ga, In)P/GaAs						
4/96	4,00	2488	14,22	85,6	30,3	Japan Energy
6/93	0,250	2385	13,99	88,5	29,5	NREL
1/99	0,44	678	35,07	78,89	18,8	NREL
10/99	1	-	-	-	18,5	Matsushita
3/96	0,41	674	34	77,3	17,7	NREL
ZnSe/CIGS / CdS/CIGS/Mo	0,2	594	32,8	73,8	14,4	Solarex
9/99 CdTe	-	488	36,3	62	11,0	Absorbeur:Siemens Emetteur:MOCVD-HMI (Config:Substrate)
6/92	1,047	843	25,09	74,5	15,8	Univ. South Florida
4/95	1,115	828	20,90	74,6	12,9	Solar Cells, Inc.

Tab I-4: Caractéristiques des meilleures photopiles au GaAs, au CIGS et au CdTe [1]

C) Conclusion

En résumé, après avoir présenté dans ce chapitre la notion du rayonnement solaire et l'absorption de ce dernier par un semiconducteur, nous avons présenté le dispositif qui permet l'absorption du rayonnement et recueillir le plus possible des porteurs générés; la description de çà est donnée la cellule solaire. Nous avons présenté le principe de fonctionnement et les concepts permettant d'augmenter le rendement de conversion, nous terminons par une présentation des différents filières courantes

Dans le prochain chapitre, nous allons concentré notre réflexion sur la cellule en couche minces à base de $Cu(In,Ga)Se_2$.

CHAPITRE II

Le CIGS et les Hétérojonctions

Introduction

Parmi les types des cellules photovoltaïques les plus courants que nous avons présentés, notre intérêt porte particulièrement sur l'étude d'une cellule à couches minces à hétérojonction à base de CIGS.

Pour cela une présentation générale des hétérojonctions et une étude théorique des structures CIGS s'impose.

A) Le CIGS et les semiconducteurs ABX$_2$

Deux principaux groupes de semiconducteurs ternaires de la forme $A^{N-1}B^{N+1}X_2^{8-N}$ retiennent actuellement l'attention : le groupe I-III-VI2 ou groupe I, où les atomes A, B, X appartiennent respectivement aux colonnes Ib, IIIb et VIb du tableau de Mendeleïev, et celui des II-IV-V2 ou groupe II, où A, B, X appartiennent respectivement aux colonnes IIb, IVb et Vb.

Parmi les domaines dans les quels divers de ces composés offrent des propriétés très intéressantes, le domaine de la photovoltaïque de sorte que ces composes ont un gap direct autour de la valeur idéal (1,35 eV) et le coefficient d'absorption élevé de certains Cu-III-VI [1], ainsi que la possibilité de préparer quelques composants de conductivité de type p ou n, et la mobilité relativement élevée de ces porteurs minoritaires rend ces composants applicable dans le domaine des cellules solaires[19, 20].

1) Structure cristalline de CIGS

Un semiconducteur $A^{N-1}B^{N+1}X_2^{8-N}$ provient de la substitution, dans un binaire $C^N X^{8-N}$ cristallisé en Zinc-blend (L'anion X est au centre d'un tétraèdre dont les quatre sommets sont occupés par les cations), des cations C de la colonne N par ceux A et B des colonnes N-1 et N+1. Dans le cas du groupe I, N-1=1 donc N=2 et N+1=3, ce groupe provient de la famille des semiconducteurs nommée II-VI [1,21].

Les composants ternaires Cu-III-VI$_2$ cristallisent sous deux formes allotropiques. La première qui est du type sphalerite (zinc blende) se produit à hautes températures (T > 810°C) . La deuxième qui est du type chalcopyrite (anomalie de la blende) se produit pour des températures inférieures à 665°C [22, 23] avec une structure ordonnée et tétragonale. Ces structures sont représentées sur la figure (II-1).

Le CuInSe$_2$ et CuGaSe$_2$ qui sont de l'alliage Cu(In, Ga)Se$_2$ appartiennent du groupe I, ils sont cristallisés sous la structure chalcopyrite. Le CuInSe$_2$ comme exemple est obtenu de la structure de Zinc-blende du matériau ZnSe en remplaçant l'atome Zn par les atomes Cu et In la Figure (II-1).

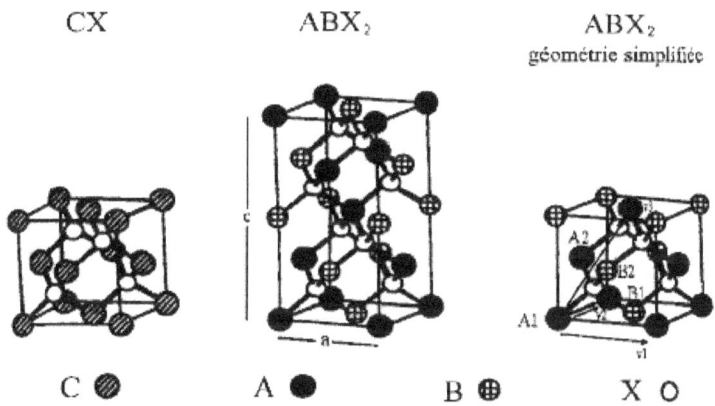

Fig II-1: Deux formes allotropiques de la maille élémentaire des composants Cu-III-VI$_2$: Structure sphalérite de type blende et Structure chalcopyrite [1]

Par comparaison de deux cellules d'unité de la structure Zinc-blend et celle de la chalcopyrite, chaque atome de la colonne I(Cu) ou III(In) est entouré de quatre atomes de la colonne VI(Se), tandis que chaque atome Se est entouré de deux atomes Cu et deux atomes In.

Le CIGS est parmi les solutions solides $A(B'_{1-x}B''_x)X_2$, on l'obtient par l'introduction du gallium (Ga) dans le CIS ($CuInSe_2$) [24, 25]. La substitution de l'indium par le gallium influe sur les propriétés du matériau telles que le gap, la densité de porteurs la composition et la structure de film [3].

Le gap du quaternaire $CuIn_{1-x}Ga_xSe_2$ varie selon x de 1 eV (x=0) à 1,7 eV (x=1), la cellule la plus performante à base de CIGS de rendement 18.8%[26, 27, 28] à été obtenu par substitution de 28% d'indium par du gallium et correspond à un gap de 1,12 eV. Pour autant l'expérience montre que pour x>0,3, le désordre induit des limites aux performances des cellules [2, 29].

2) Propriétés optiques

1) La bande interdite Eg

La largeur de la bande interdite Eg joue un rôle important dans les matériaux photovoltaïques. La figure (II-2) présente les rendements théoriques en fonction de l'énergie du gap semi-conducteur. On remarque que le maximum de rendement de conversion se situe au voisinage de 1.4 - 1.5 eV, et pour les semi-conducteurs qui possèdent une énergie du gap compris entre 1 eV et 1.7 eV, (autour de 1.35eV) on peut obtenir un rendement supérieur à 20 % .

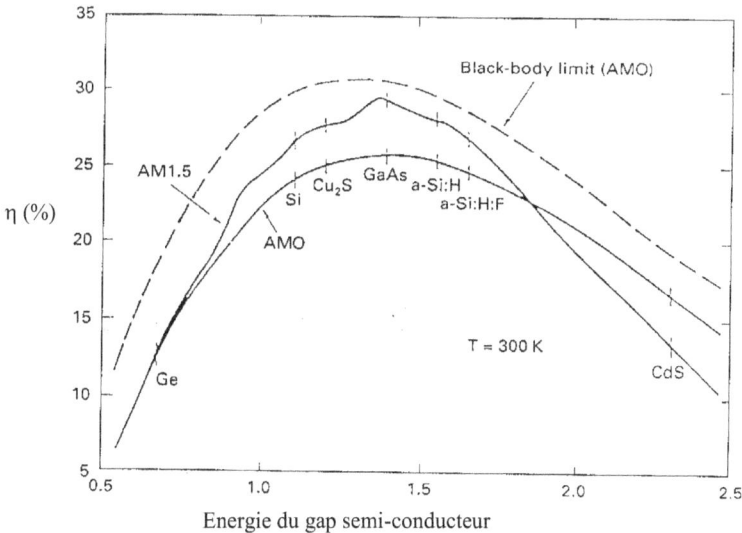

Fig. II- 2 : Rendements de conversion théorique pour cellule solaire d'après [14,30]

Pour les deux variantes du quaternaire Cu(In,Ga)Se2, Le CuGaSe$_2$ stœchiométrique possède un gap direct de 1.68 eV [31,32] et un coefficient d'absorption élevé (1 -3. 10^4 cm^{-1}) [33]. En effet dans le cas des couches minces, le gap optique varie dans la gamme 1.66 eV -1.69 eV. Le CuInSe$_2$ a une valeur du gap de 0.96eV à 1.04 eV, inférieure à 1.4 eV - 1.5 eV (où le rendement de conversion est maximum), il est nécessaire d'augmenter cette valeur en remplaçant l'atome d'indium par celui du gallium dans les composés Cu(In$_{1-x}$Ga$_x$)Se$_2$. Chakrabarti et.al.[34] et Albin et.al.[35] ont étudié cette augmentation du gap en fonction de la composition de x. Le gap varie selon les équations suivantes:

$$Eg(x)[eV] = (1.011 + 0.411\, x + 0.505\, x^2) \qquad (II.\ 1)$$

$$Eg(x)[eV] = (1.011 + 0.415\, x + 0.249\, x^2) \qquad (II.\ 2)$$

Donc l'intérêt du quaternaire Cu(In,Ga)Se2(CIGS) provient de leurs extrémités ternaires CuInSe$_2$ (CIS) pour x=1 et le CuGaSe$_2$ (CGS) pour x=0 ce qui provoque une large bande d'énergie entre celui CIS (1,02 eV) et celui du CGS (1,68 eV) et réellement, les rendements de conversion les plus élevés qui sont obtenus à partir des alliages de Cu(In$_x$, Ga$_{1-x}$)Se$_2$ (CIGS) correspondant à un gap Eg entre 1.1 et 1.32 eV.

2) Le coefficient d'absorption

Le coefficient d'absorption optique du matériau absorbeur est un paramètre qui a une importance fondamentale. Pour les ternaires CuInSe$_2$ (CIS), CuGaSe$_2$ (CGS) et le quaternaire Cu(In, Ga)Se$_2$ (CIGS) le coefficient d'absorption est très élevé de l'ordre de 10^4 cm^{-1} au dessus de leur gap[1]. La Figure (II-3) montre la courbe α(hv) de matériaux assez souvent utilisés. Le CuInSe$_2$ présente le coefficient d'absorption le plus élevé par rapport aux matériaux photovoltaïques actuellement utilisés comme on le voit sur la figure.

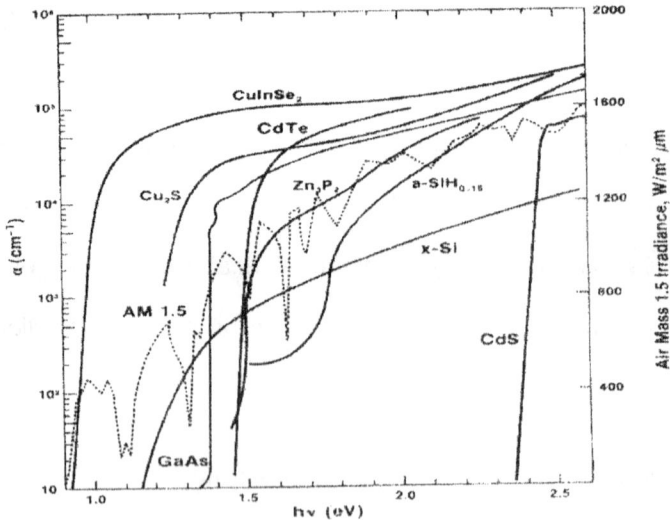

Fig II- 3 : Variation du coefficient d'absorption optique des matériaux absorbeurs d'après [33]

B) Les hétérojonctions

Les hétérojonctions sont des jonctions formées entre deux semiconducteurs avec des énergies de gap différentes, plusieurs types d'hétérojonctions sont envisageables, Figure (II-5) [32], l'hétérojonction CdS / Cu(In,Ga)Se$_2$ est de type II

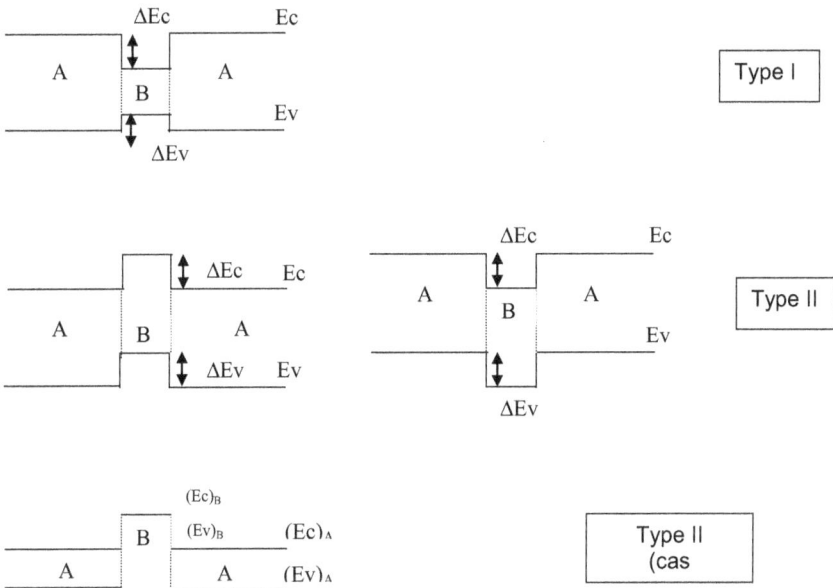

Fig II-5 : Divers types d'hétérojonctions définis par la position relative des bandes des semiconducteurs A et B [11,14]

Une hétérojonction entre deux semiconducteurs peut être obtenue en faisant croître une couche épitaxiée d'un semiconducteur2 sur un semiconducteur1 cette croissance exige que les deux matériaux aient les mêmes symétries cristallins dans le plan interfacial, des paramètres cristallins voisins, est puisque l'épitaxie se réalise à T° élevée des coefficients de dilatation thermique voisins. Lorsque les deux semiconducteurs sont de mêmes types, la jonction est dite isotype, dans le cas contraire elle est anisotype [36].

L'hétérojonction est la seule solution pour les matériaux qui ne peuvent être dopés de type p et n, c'est le cas du CdS qui n'existe qu'a l'état n [9], grâce à son gap élevé (2,4 eV), il joue un rôle de fenêtre, la figure si dessous montre les diagrammes de bandes de quelques hétérojonctions n/p à l'équilibre thermique.

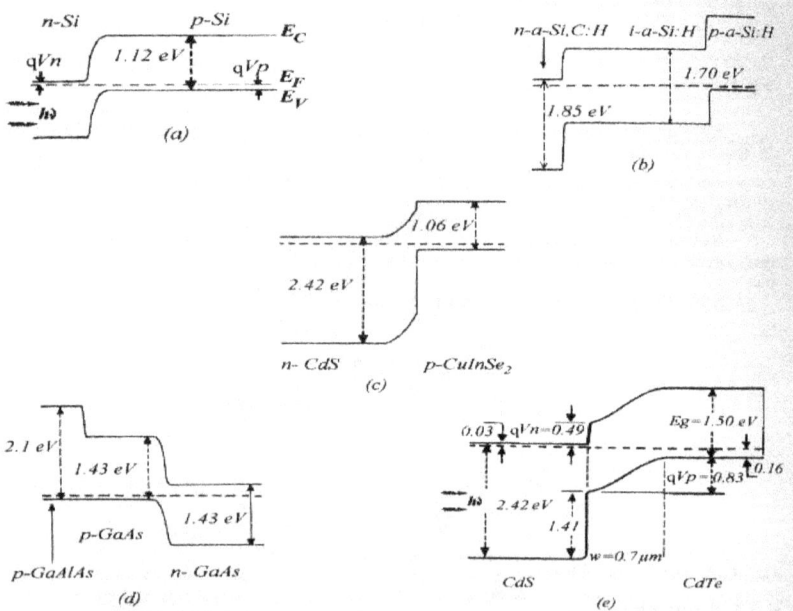

Fig II-6: structure de bandes des photopiles à hétérojonctions [9]

1) Diagramme de bande d'énergie

Lorsque deux semi-conducteurs différents sont au contact, il apparaît une barrière de potentiel à l'interface, d'après le modèle d'Anderson [14, 36]

$$E_b = e(\chi_1 - \chi_2) \qquad\qquad (II\text{-}3)$$

Où χ_1 et χ_2 représentent les affinités électroniques des deux semi-conducteurs. La forme de cette barrière et le diagramme énergétique correspondant sont en outre fonction des énergies de gap caractérisant les deux semi-conducteurs et de leurs dopages respectifs.

1) Diagramme énergétique loin de la jonction

Lorsque les deux semi-conducteurs sont mis en contact, ils échangent des électrons de manière à aligner leurs niveaux de fermi. Cet échange se fait au voisinage de la jonction et fait apparaître, comme dans la jonction pn, une charge d'espace à laquelle est associée une barrière de potentielle (la tension de diffusion V_d) qui arrête la diffusion des porteurs et définit l'état d'équilibre. Considérons le diagramme énergétique loin de la jonction, dans la région neutre de chacun des semi-conducteurs (fig. II-7). Nous avons choisi comme origine des énergies l'énergie potentielle de l'électron dans le vide au voisinage du semi-conducteur1, soit $NV_1 = 0$.

A partir de cette origine, le niveau de fermi de la structure est fixé à la distance $e\phi_1$ au dessous, $e\phi_1$ représente le travail de sortle du semi-conducteur1. A partir de ce niveau, on peut positionner Ec_1, Ev_1, Ec_2 et Ev_2. Le niveau NV_2 de l'électron dans le vide au voisinage du semi-conducteur2 est situé au dessus de E_F à la distance $e\phi_2$.

La différence d'énergie potentielle entre l'électron dans le vide au voisinage du semi-conducteur1, et l'électron dans le vide au voisinage du semi-conducteur2 est

$$NV_2 - NV_1 = e(\phi_2 - \phi_1) \qquad\qquad (II\text{-}4)$$

Il en résulte que la différence de potentielle entre les deux semi-conducteurs, c'est à dire la tension de diffusion, est donnée par

$$V_d = V_2 - V_1 = \phi_1 - \phi_2 \qquad\qquad (II\text{-}5)$$

Les différences de densité d'états et de dopage des semi-conducteurs entraînent des valeurs différentes des paramètres $e\phi_{f1}$ et $e\phi_{f2}$, c'est à dire des valeurs différentes des énergies des bandes de conduction des régions neutres des deux semi-conducteurs.

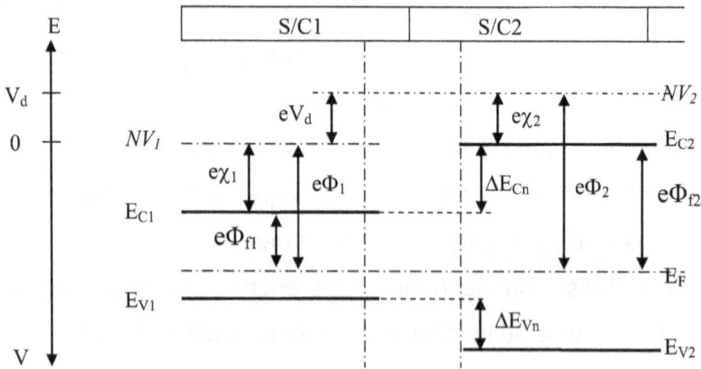

Fig II-7 : Diagramme énergétique loin de l'interface [14]

Appelons ΔEc_n la différence d'énergie entre les bandes de conduction des régions neutres

$$\Delta E_{cn} = Ec_2 - Ec_1 = e\,(\phi_{f2} - \phi_{f1}) \tag{II-6}$$

Enfin si la différence des énergies de gap des deux semi-conducteurs est différente de ΔE_{cn} le complément se traduit par une différence d'énergie des bandes de valence avec la condition

$$\Delta Eg = Eg_2 - Eg_1 = (Ec_2 - Ev_2) - (Ec_1 - Ev_1) = (Ec_2 - Ec_1) - (Ev_2 - Ev_1)$$

soit

$$\Delta Eg = \Delta Ec_n - \Delta Ev_n \tag{II-7}$$

La différence d'énergie des bandes de valence est par conséquent donnée par

$$\Delta Ev_n = e\,(\phi_{f2} - \phi_{f1}) - \Delta Eg \tag{II-8}$$

$$\Delta Ec_n = e\,(\phi_{f2} - \phi_{f1}) = e((\phi_2 - \chi_2) - (\phi_1 - \chi_1))$$
$$\Delta Ec_n = e\,((\phi_2 - \phi_1) - (\chi_2 - \chi_1)) = -eV_d - e(\chi_2 - \chi_1) \tag{II-9}$$

$$\Delta Ev_n = \Delta Ec_n - \Delta Eg = -eV_d - e(\chi_2 - \chi_1) - \Delta Eg$$
$$\Delta Ev_n = -eV_d - (e(\chi_2 - \chi_1) + \Delta Eg) \tag{II-10}$$

Ainsi ΔEc_n et ΔEv_n, les différences des énergies des bandes de conduction et de valence des régions neutres des semi-conducteurs, sont composées de deux termes dont l'un est spécifique des propriétés intrinsèques des matériaux et l'autre fonction de leurs dopages respectifs.

Posons

$\Delta Ec_i = -e(\chi_2 - \chi_1)$ (II-11)

$\Delta Ev_i = -(e(\chi_2 - \chi_1) + \Delta Eg)$ (II-12)

On obtient les relations

$\Delta Ec_n = \Delta Ec_i - eV_d$ (II-13)

$\Delta Ev_n = \Delta Ev_i - eV_d$ (II-14)
et

$\Delta Ec_i - \Delta Ev_i = \Delta Ec_n - \Delta Ev_n = \Delta Eg$ (II-15)

2) Diagramme énergétique au voisinage de la jonction

En raison de la différence des travaux de sortie, les électrons diffusent du semi-conducteur à plus faible travail de sortie vers l'autre. Cette diffusion entraîne l'apparition d'une zone de charge d'espace, positive dans le semi-conducteur à faible travail de sortie, négative dans l'autre. Comme dans l'homojonction, la tension de diffusion augmente et s'établit à la valeur qui arrête la diffusion et définit l'état d'équilibre

Nous avons défini des paramètres qui caractérisent le diagramme énergétique loin de la jonction. Ces paramètres, ΔEc_n et ΔEv_n représentent les différences d'énergie des bandes de conduction et de valence des régions neutres des semi-conducteurs en fonction d'une part des paramètres intrinsèques ΔEc_i et ΔEv_i et d'autre part de la différence de potentiel qui existe entre ces deux régions $V_d = V_2 - V_1$.
Les expressions (II-13) et (II-14) peuvent être généralisées en remplaçant V_d par $V_2 - V_1$

$\Delta Ec_n = \Delta Ec_i - e(V_2 - V_1)$ (II-16)

$\Delta Ev_n = \Delta Ev_i - e(V_2 - V_1)$ (II-17)

On peut ainsi écrire les différences d'énergie des bandes de conduction et de valence dans deux cas spécifiques, le premier concerne la structure polarisée. La différence de potentiel entre les deux régions extrêmes de la structure est alors donnée par V_2-V_1 = V_d –V où V est la tension de polarisation du semi-conducteur1 par rapport au semi-conducteur2.

Les expressions (II-14) et (II-15) s'écrivent

$$\Delta Ec \ (x=0) = \Delta Ec_0 = \Delta Ec_i \tag{II-18}$$
$$\Delta Ev \ (x=0) = \Delta Ev_0 = \Delta Ev_i \tag{II-19}$$

Au voisinage de l'interface, le diagramme énergétique varie en fonction de la nature des semi-conducteurs, c'est à dire des valeurs de ΔEc_i et ΔEv_i et en fonction de leurs dopages, c'est à dire de la différence de leurs travaux de sortie.

La condition $\Delta Eg \neq 0$ entraîne l'existence de quatre cas de figure suivant que ΔEc_i et ΔEv_i sont positifs ou négatifs, c'est à dire suivant les valeurs relatives des affinités électroniques et des gaps des semi-conducteurs [14]

La condition χ_1-$\chi_2 > 0$ entraîne $\Delta Ec > 0$
La condition χ_1-$\chi_2 > \Delta Eg/e$ entraîne $\Delta Ev > 0$

Supposons par exemple le travail de sortie du semi-conducteur2 inférieur au travail de sortie du semi-conducteur1, ($\phi_2 < \phi_1$). Les électrons diffusent du semi-conducteur2 vers le semi-conducteur1, et vice-versa pour les trous.

Dans le semi-conducteur1, la charge d'espace est négative, si ce semi-conducteur est de type n, cette charge d'espace est due à une augmentation de la densité d'électrons au voisinage de l'interface, le semi-conducteur1 est en régime d'accumulation. Si le semi-conducteur1 est de type p les électrons qui diffusent depuis le semi-conducteur2 se recombinent avec les trous à leur entrée dans le semi-conducteur1. Ils font apparaître une charge d'espace résultant des ions accepteurs non compensés par les trous. La charge d'espace résulte de la disparition des trous. Le semi-conducteur1 est en régime de déplétion.

Dans le semi-conducteur2, d'où partent les électrons, la charge d'espace est au contraire positive. Si ce semi-conducteur est de type n il s'établit, au voisinage de l'interface un régime de déplétion avec une certaine extension spatiale de la densité de charge. Si le semi-conducteur est de type p, il s'établit un régime d'accumulation.

Compte tenu des valeurs possibles des paramètres χ_1-χ_2 et ΔEg les divers cas possibles sont représentés sur la figure (II-8). Les différents cas de figure présentent des caractéristiques particulières. Dans le cas de la figure (II-8, a) le régime d'équilibre s'établit par diffusion des électrons du semi-conducteur2 vers semi-conducteur1 et vice versa pour les trous. Dans le cas de la figure (II-8, b) les électrons diffusent du semi-conducteur1 vers semi-conducteur2, mais en raison du signe de ΔE_{v0}, les trous ne peuvent pas diffuser du semi-conducteur1 vers semi-conducteur2. La distribution des trous à l'interface se fait par équilibre thermodynamique avec la distribution d'électrons qui diminue dans le semi-conducteur2, et augmente dans le semi-conducteur1.

Le cas de la figure (II-8, d) est inverse à celui de la figure (II-8, b), seuls les trous diffusent. Le cas de la Figure (II-8, c) est encore différent compte tenu des barrières ΔEc_0 et ΔEv_0 ni les électrons ni les trous ne peuvent diffuser. Quelques porteurs peuvent toutefois diffuser, soit en franchissant la barrière de potentiel par agitation thermique, soit en passant au travers par effet tunnel.

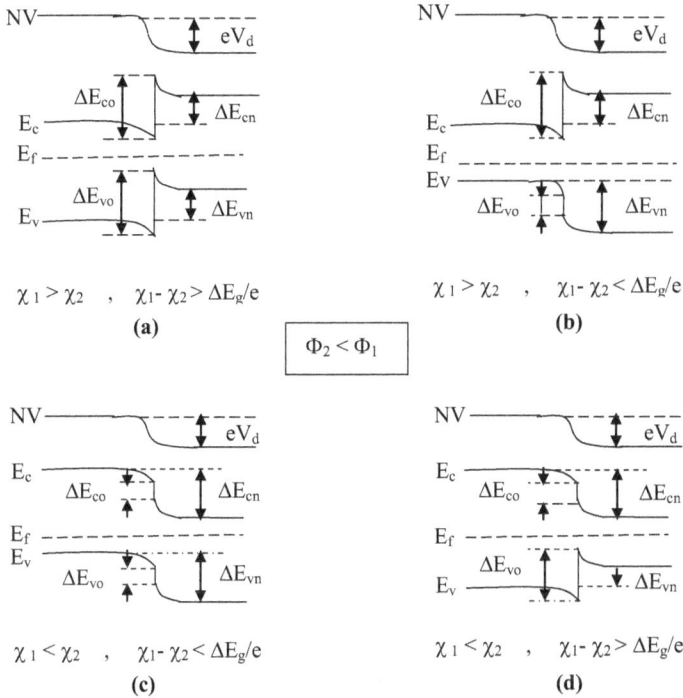

Fig II-8 : Diagramme énergétique d'une hétérojonction entre deux semi-conducteurs différents avec $\phi2 < \phi1$ 1[14].

2) Hétérojonction à l'équilibre thermodynamique

Le calcul de la distribution du potentiel au voisinage de l'interface se fait par intégration de l'équation de Poisson.

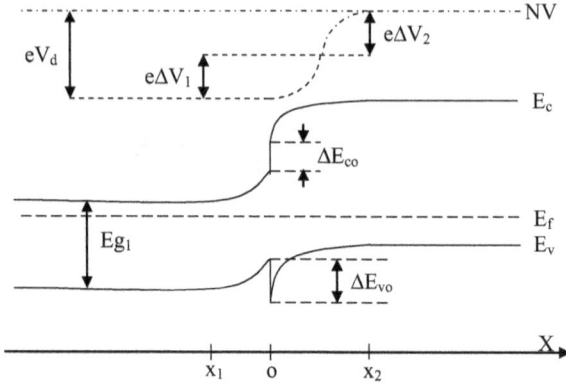

Fig II-9 : hétérojonction Ge (n) – GaAs (p) [14].

Considérons l'hétérojonction Ge(n)/GaAs(p) représentée sur la figure (II-9). Nous supposerons les semi-conducteurs dopés de manière homogène. Nous appellerons N_{d1} l'excès de donneurs (N_d - Na) dans le semi-conducteur1 et N_{a2} l'excès d'accepteurs (Na - N_d) dans le semi-conducteur2. L'équation de Poisson s'écrit

$$d^2 V(x)/ dx^2 = - \rho(x)/\varepsilon \qquad \text{(II-20)}$$

Dans le semi-conducteur1, $\rho(x) = eN_{d1}$:

$$d^2 V(x)/ dx^2 = - eNd_1/\varepsilon_1 \qquad \text{(II-21)}$$

48

En intégrant une fois avec la condition E=0 en $x=x_1$ on obtient

$$d\,V(x)/dx = -\,E(x) = -eN_{d1}\,(x-x_1)/\varepsilon_1 \qquad\qquad (II\text{-}22)$$

En x = 0 :

$$E_{s1} = -eN_{d1.}\,x_1/\varepsilon_1 \qquad\qquad (II\text{-}23)$$

En intègrent une deuxième fois et en appelant V_1 le potentiel de la région neutre du semi-conducteur1, on obtient

$$V(x) = -eN_{d1}\,(x-x_1)^2 / 2\varepsilon_1 + V_1 \qquad\qquad (II\text{-}24)$$

Dans le semi-conducteur2, $\rho(x) = eNa_2$

$$d^2V(x)/dx^2 = eNa2\,/\varepsilon_2 \qquad\qquad (II\text{-}25)$$

$$dV(x)/dx = -\,E(x) = eNa2\,(x-x_2)/\varepsilon_2 \qquad\qquad (II\text{-}26)$$

En x = 0 :

$$E_{s2} = eNa_2\,.x_2\,/\varepsilon_2 \qquad\qquad (II\text{-}27)$$

$$V(x) = eNa_2\,(x-x_2)^2 / 2\varepsilon_2 + V_2 \qquad\qquad (II\text{-}28)$$

Le champ et le potentiel électriques sont représentés sur la figure (II-10).

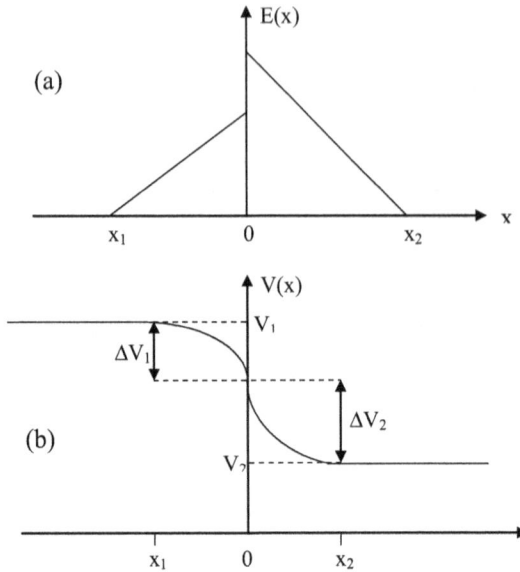

Fig II-10 : Champ et potentiel électriques à l'interface
d'une hétérojonction Ge(n) – GaAs(p) [14].

La continuité du vecteur déplacement à l'interface s'écrit

$$\varepsilon_1 Es_1 = \varepsilon_2 Es2 \tag{II-29}$$

$$-eN_{d1}x_1 = eNa_2\, x_2 \tag{II-30}$$

Où, en posant $W_1 = |x_1|$, $W_2 = |x_2|$

$$N_{d1}\, W_1 = Na_2\, W_2 \tag{II-31}$$

La continuité du potentiel en $x = 0$ s'écrit

$$-eN_{d1}W_1^2 / 2\varepsilon_1 + V_1 = eNa_2W_2^2 / 2\varepsilon_2 + V_2 \tag{II-32}$$

$$V_1-V_2 = eN_{d1}W_1^2 / 2\varepsilon_1 + eNa_2W_2^2 / 2\varepsilon_2 \tag{II-33}$$

Ou en utilisant l'expression (II-31)

$$V_1 - V_2 = eN_{d1}W_1^2 \; (\; \varepsilon_1 \, N_{d1} + \varepsilon_2 \, Na_2 \;) \, / \, 2\varepsilon_1\varepsilon_2 \, Na_2$$

$$V_1 - V_2 = eNa_2W_2^2 \; (\; \varepsilon_1 \, N_{d1} + \varepsilon_2 \, Na_2 \;) \, / \, 2\varepsilon_1\varepsilon_2 \, N_{d1} \qquad\qquad \text{(II-34)}$$

d'où les expressions de la largeur de la zone de charge d'espace dans chacun des semi-conducteurs

$$W_1 = (\; 2Na_2 \, \varepsilon_1\varepsilon_2 \, / \, eN_{d1}(\; \varepsilon_1 \, N_{d1} + \varepsilon_2 \, Na_2 \,) \,)^{1/2} . \, (V_1 - V_2)^{1/2} \qquad\qquad \text{(II-35)}$$

$$W_2 = (\; 2N_{d1} \, \varepsilon_1\varepsilon_2 \, / \, eNa_2(\; \varepsilon_1 \, N_{d1} + \varepsilon_2 \, Na_2 \,) \,)^{1/2} . \, (V_1 - V_2)^{1/2} \qquad\qquad \text{(II-36)}$$

La largeur totale de la zone de déplétion est donnée par $W = W_1 + W_2$

$$W = (2 \, \varepsilon_1\varepsilon_2(Na_2 + N_{d1})^2 \, / \, eN_{d1}Na_2(\varepsilon_1 \, N_{d1} + \varepsilon_2 \, Na_2))^{1/2} . \, (V_1 - V_2)^{1/2} \qquad \text{(II-37)}$$

La différence de potentiel $V_1 - V_2$ s'établit en partie dans chacun des semi-conducteurs, le rapport des chutes de potentiel correspondantes est donné par

$$\frac{\Delta V_1}{\Delta V_2} = \frac{\left(V(x=0)-V_1\right)_{sc1}}{\left(V(x=0)-V_2\right)_{sc2}} = \frac{eN_{d1}w_1^2/2\varepsilon_1}{eN_{a2}w_2^2/2\varepsilon_2} = \frac{\varepsilon_2 N_{d1}w_1^2}{\varepsilon_1 N_{a2}w_2^2} \qquad\qquad \text{(II-38)}$$

3) Hétérojonction polarisée

Les différents diagrammes énergétiques représentés sur la figure (II-8) montrent qu'il existe pour les bandes de conduction et de valence deux types de discontinuité. Le premier correspond au cas où la tension de diffusion s'ajoute à la différence d'énergie des bandes considérées. Dans ce cas la variation d'énergie de la bande est monotone, nous appellerons cette discontinuité une pseudo continuité, c'est le cas par exemple de la bande de valence de la figure (II-8-b). Le deuxième type de discontinuité correspond au cas où la tension de diffusion et la discontinuité des énergies de gap jouent des rôles opposés, c'est le cas de la bande de conduction de la figure (II-8-b), elle est qualifiée de forte discontinuité.

En ce qui concerne les courants d'électrons et de trous, il apparaît clairement que chacun d'eux ne peut être important que lorsque la bande mise en jeu présente une forte discontinuité. Le courant est conditionné à l'interface par le mécanisme d'émission thermique des porteurs, et dans chacun des semi-conducteurs par la diffusion de ces porteurs.

4) Conclusion

Dans ce chapitre nous avons mis en évidence d'une part que la structure cristalline est les propriétés optiques font du CIGS un des matériaux de base des cellules solaires les plus performantes.

D'autre part l'intérêt que nous allons porté aux hétérojonctions ultérieurement nous a conduit à étudier et à analyser le diagramme énergétique, la hauteur de barrière dans une hétérojonction et l'hétérojonction polarisé. Pour le prochain chapitre nous présentons les propriétés de la cellule CdS/CIGS.

CHAPITRE III

**Caractéristiques de la cellule
solaire à hétérojonction à base
de (CIGS)**

Introduction

Les résultats que donne la structure en couches minces CdS/Cu(In,Ga)Se$_2$ aux niveau de la production, ainsi que les propriétés optiques intéressantes du matériau CIGS qui pourra le rendre l'un des matériaux de base des cellules solaires les plus performantes dans le domaine photovoltaïque, nous encouragent de privilégier l'étude de cette structure.

Le présent chapitre est destiné à l'étude des caractéristiques de la cellule à hétérojonction à base de CIGS (CdS/CIGS).

1) La structure de la cellule CdS/Cu(In,Ga)Se$_2$

Pour les hétérojonctions en peut signaler à l'importance des paramètres suivants :

a) le gap E_G autour de la valeur 1.35 eV.

b) Coefficient d'absorption élevé, permettant la réalisation des photopiles à couches minces.

c) Constante de diffusion des porteurs minoritaires.

d) Durée de vie de porteurs minoritaires.

e) Mobilité des porteurs minoritaires.

f) Longueur de diffusion des porteurs minoritaires supérieur à l'épaisseur pour que les porteurs arrivent à la jonction avant d'être recombinés.

Les deux matériaux formant la jonction doivent avoir une bonne affinité électronique entre eux : les paramètres cristallins, les coefficients de dilatation doivent être proche le plus possible, pour réduire les défauts d'interface et les pertes en photocourant.

Le CIS qui a été synthétisé pour la première fois en 1953 et a été proposé en 1974 comme matériel photovoltaïque avec une efficacité de conversion de 12% pour une cellule mono cristalline [37, 38]. La première structure hétérojonctions à base de CIS a été faite par Boeing, au début des années 1980 avec un rendement de 10% [5], en réalisant une fenêtre optique de la cellule verre/Mo/absorbeur/CdS, grâce au CdS qui a un gap de 2.4 eV et un bon accord de maille avec le CIS tel que $\Delta a/a \approx 1$ % [3]. Dans le but d'augmenter la gamme de transparence de la fenêtre optique, des matériaux à grand gap comme le ZnO, (Cd,Zn)S ont été utilisés[39, 40]. Si une jonction semi-conducteur absorbant/oxyde transparent conducteur est directement réalisée, son rendement sera limité par:

- le désaccord de mailles,
- l'inadaptation des bandes interdites; leur grande différence crée un effet parasite au niveau des bandes de conduction et de valence lors du passage d'une couche à l'autre,
- les courants de fuite dûs à la présence de zones désordonnées aux joints de grains.

De ce fait, il est nécessaire d'introduire une fine couche, dite couche tampon, entre ces deux composés afin d'optimiser les performances de la cellule. Cette couche doit avoir les propriétés suivantes:

- une bande interdite intermédiaire permettant une transition «souple » entre celle du semi-conducteur et celle de l'oxyde transparent conducteur, soit une valeur comprise entre 2,5 et 3,2 eV [3],
- une adaptation de la maille,
- une conductivité de type n pour former la jonction avec la couche absorbante qui est de type p ; de plus, afin d'éviter les effets de fuites de courant, sa conductivité doit être plus faible que celle de la couche absorbante, soit de l'ordre de 10^{-3} $\Omega^{-1}.cm^{-1}$ [3],

elle doit être morphologiquement très homogène pour éviter tout effet de court circuit au niveau des joints de grains.

Le groupe Arco Solar (Brevet Choudary et.al. en 1986) [41], qui eut l'idée de remplacer le (Cd,Zn)S par deux couches : une couche très fine

(50 à 100 Å) déposée sur l'absorbeur par dépôt en bain chimique (CBD), suivi du dépôt par sputtering ou MOCVD d'une couche conductrice et transparente de ZnO :Al (1.5 µm), Le CdS étant très mince, pratiquement tous les photons d'énergie supérieure à 2.4 eV peuvent traverser de même que le ZnO qui a un gap supérieur à 3 eV.

L'amélioration de la cellule est également passée par celle de la couche tampon, la couche d'oxyde transparent conducteur et spécifiquement la couche absorbante, une couche absorbante doit être constituée d'un matériau à fort coefficient d'absorption dans le domaine du visible, il est donc préférable qu'il ait une bande interdite directe, dont la valeur soit de l'ordre de 1,1 à 1,7 eV [3, 26]. Sa conductivité doit être de l'ordre de 1 $(\Omega.cm)^{-1}$ [3]. Il doit pouvoir être dopé de type n et p de façon à pouvoir réaliser des jonctions et il doit être stable dans le temps, ces propriétés sont celles du CIGS. La figure (III-1) représente la structure de la photopile en couches minces a base de CIGS, qui est l'objet de notre travail, la structure que nous avons étudié est constitué de :

- Une couche Mo de 1µm déposée sur le substrat du verre et sert comme des contacts arrière de la cellule [42].
- Une couche absorbante de CIGS (la base) 1 à 2 µm [43,].
- Une couche tampon (l'émetteur) de CdS d'épaisseur de 50 nm.
- Une couche d'oxyde transparent conducteur (O.T.C) Celle-ci doit être simultanément transparente et conductrice. Dans le domaine du spectre solaire la transmission des couches doit être supérieure à 80%. La conductivité de ces mêmes couches doit être supérieure à 10^3 $(\Omega \ cm)^{-1}$. De telles propriétés sont obtenues en utilisant des couches minces de SnO_2, In_2O_3, pour notre structure étudié en utilisant le ZnO, il est composé d'une très mince couche i-ZnO (intrinsèque) de 50-70 nm et une couche de ZnO dopé, puisque le ZnO a un gap de 3.2 eV il est transparent pour la plus grande partie du spectre et considéré comme fenêtre de la cellule [43].

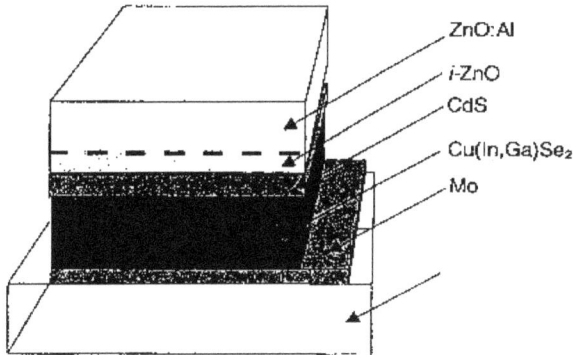

Fig III-1 : La structure de la cellule en couches minces ZnO/CdS/Cu(In,Ga)Se$_2$ [43].

2) Diagramme de bande de la photopile à hétérojonction CdS/Cu(In,Ga)Se$_2$

Le gap du Cu(In,Ga)Se$_2$ (CIGS) varie quadratiquement en fonction de x, entre celui de CuInSe$_2$ et celui de CuGaSe$_2$, donc une première possibilité d'amélioration du rendement sera l'utilisation du CIGS, plutôt que le CIS de gap trop faible (~ 1.02 eV), ou de CGS de gap trop élevé (entre 1.66 et 1.68 eV) par rapport a la valeur théorique idéale (1.35 eV). Les plus récents records à notre connaissance sont de 18.8% et de 18.5% respectivement annoncés par le NREL au U.S.A (5 /11/ 1999) et par Matsushita au Japon [1,].

Le diagramme de bande de l'hétérojonction CdS/CIGS est représenté là dessous :

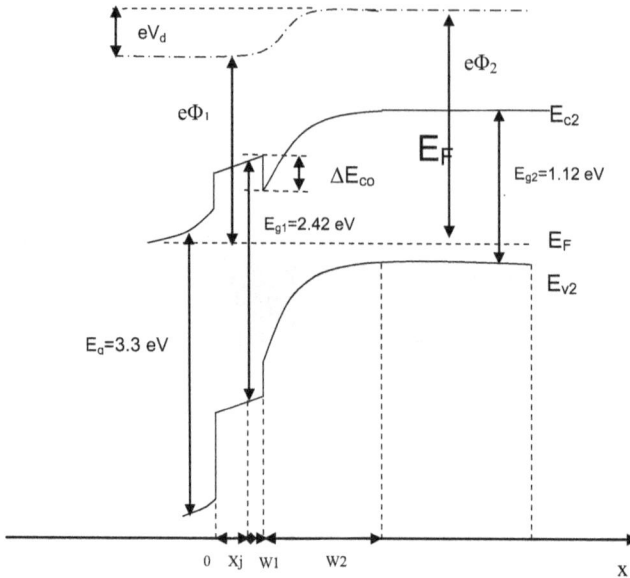

FigIII-2: Diagramme énergétique de l'hétérostructure
ZnO/CdS/Cu(In,Ga)Se$_2$/Mo [43].

En raison de la différence des travaux de sortie, les électrons diffusent du semiconducteur à plus faible travail de sortie vers l'autre, de semiconducteur1 (CdS) vers semiconducteur2 (CIGS) cette diffusion entraîne l'apparition d'une zone de charge d'espace.

Dans le semiconducteur2 (CIGS), la charge d'espace est négative, il est de type p, les électrons qui diffusent depuis le semiconducteur1 (CdS) se recombinent avec les trous à leur entrée dans le CIGS. Ils font apparaître une charge d'espace résultant des ions accepteurs non compensés par les trous. La charge d'espace résulte de la disparition des trous. Le semi-conducteur2 est en régime de déplétion.

Dans le semi-conducteur1 (CdS), d'où partent les électrons, la charge d'espace est au contraire positive. Le CdS est de type n il s'établit, au voisinage de l'interface un régime de déplétion avec une certaine extension spatiale de la densité de charge.

La tension de diffusion (Vd) augmente et s'établit à la valeur qui arrête la diffusion et définit l'état d'équilibre.

D'après la formule (II-3) la hauteur de barrière dans une hétérojonction est donnée par : $qVd=q(\Phi_2-\Phi_1)$

$$qVd=Eg2-\Delta Ec0 -(EF-Ev2)-(Ec1-EF) \qquad \text{(III-1)}$$

ΔEc_0 : est la différence d'énergie des bandes de conduction.

D'où : $\Delta Ec_0=q(\chi_1-\chi_2)$ $\qquad$ (III-2)

Donc la tension de diffusion devient :

$$qVd=Eg_2-\Delta Ec_0 -KTLn(Nv_2/Na) - KTLn(Nc_1/Nd) \qquad \text{(III-3)}$$

Nc_1 : la densité d'état dans la bande de conduction du CdS.

Nv_2 : la densité d'état dans la bande de valence du CIGS.

Nd : la densité des porteurs libres dans le CdS

Na : la densité des porteurs libres dans le CIGS.

3) Le photocourant de la cellule CdS/CIGS

L'ensemble d'équations régissant le fonctionnement de la cellule est écrit ci-dessous:

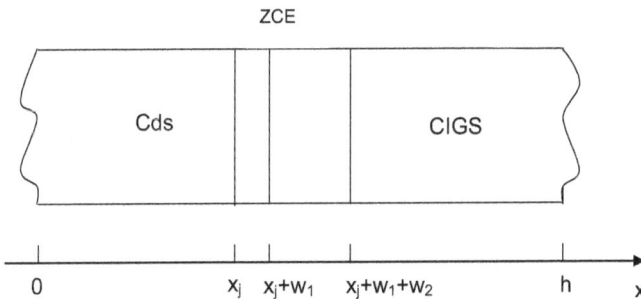

Fig III-3 : Géométrie de l'hétérojonction CdS/CIGS

- Equations de continuités:

$$\frac{\partial n}{\partial t} = G_n - \frac{\Delta n}{\tau_n} + \frac{1}{q} div(Jn) \tag{III-4}$$

$$\frac{\partial p}{\partial t} = G_p - \frac{\Delta p}{\tau_p} - \frac{1}{q} div(Jp) \tag{III-5}$$

- Equations de courants:

$$Jn = q\mu_n nE + \mu_n KT \frac{\partial n}{\partial x} \tag{III-6}$$

$$Jp = q\mu_p pE - \mu_p KT \frac{\partial p}{\partial x} \tag{III-7}$$

$D_n = \frac{\mu_n KT}{q}$; constante de diffusion des électrons.

$D_p = \frac{\mu_p KT}{q}$; constante de diffusion des trous.

μ_n; mobilité des électrons.

μ_p; mobilité des trous.

$\Delta n = n - n_e$, c'est la densité de porteurs générés (les électrons), n_e: la densité à l'équilibre.

τ_n ; la durée de vie des porteurs minoritaires de la région p (les électrons).

$\Delta p = p - p_e$, c'est la densité des trous générés, p_e: la densité à l'équilibre.

τ_p ; la durée de vie des porteurs minoritaires de la région n (les trous).

G_n; le taux de la génération des é.

G_p; le taux de la génération des e$^+$.

Les équations au dessus intégré pour déterminer les différents valeurs des variables (n, p J), en chaque point de la cellule.

• <u>Calcul du photocourant</u>

Le photocourant ou le courant de l'éclairement (J_{ph}) est la somme des trois composantes, le courant de diffusion des photoélectrons de la région de type p , le courant de photogénération dans la zone de charge d'espace et le courant de diffusion des phototrous de la région de type n. On obtient le photocourant total en ajoutant ces trois composantes calculées en un même point x_j [6].

$$J_{ph}=Jn(x=x_j)+Jg(x=x_j)+Jp(x=x_j) \qquad \text{(III-8)}$$

Le courant de génération en un point quelconque de la zone de charge d'espace est dû aux é et e⁺:

$$Jg(x)=Jgn(x)+Jgp(x) \qquad \text{(III-9)}$$

En $x=x_j$, il n'est dû qu'aux électrons, qui arrivent en x_j et qui ont été crées au long de la ZCE, depuis $x_j+w_1+w_2$ jusqu'à x_j

$$Jg(x_j)=Jgn(x_j) \qquad\qquad \text{en } x=x_j$$

Inversement en $x=x_j+w_1+w_2$, le courant de génération est dû uniquement aux trous, qui ont été créés depuis x_j jusqu'à $x_j+w_1+w_2$.

$$Jg(x_j+w_1+w_2)=Jgp(x_j+w_1+w_2) \qquad\qquad \text{en } x=x_j+w_1+w_2$$

W_1: L'épaisseur de la zone de charge d'espace dans le s/c$_1$.

W_2: L'épaisseur de la zone de charge d'espace dans le s/c$_2$.

1) Calcul du courant dans le CdS (n)

Le taux de génération de paires é-e⁺ à une dimension x de surface du s/c$_1$ est :
$$G(\lambda,x) = \alpha_1(\lambda)\Phi_i(\lambda)(1-R)\exp(-\alpha_1 x) \qquad \text{(III-10)}$$

$\Phi_l(\lambda)$: le flux des photons incidents par cm^{-2} par s^{-1} par unité de longueur d'onde.

R: coefficient de réflexion.

α_1: est le coefficient d'absorption dans le CdS.

   Le photocourant que va produire ces porteurs peut être déterminé sous la condition du faible injection, les équations de continuité pour les porteurs minoritaires sont:

$$\frac{1}{q} div(Jp) - G_p + \frac{\Delta p}{\tau_p} = 0 \qquad \text{(III-11)}$$

Pour les trous dans la région (n), et

$$\frac{1}{q} div(Jn) + G_n - \frac{\Delta n}{\tau_n} = 0 \qquad \text{(III-12)}$$

Pour les électrons dans la région (p).

Les courants de trous et d'électrons sont:

$$Jp = -qD_p \frac{\partial p}{\partial x} + q\mu_p pE \qquad \text{(III-13)}$$

$$Jn = qD_n \frac{\partial n}{\partial x} + q\mu_n nE \qquad \text{(III-14)}$$

   La contribution de la zone CdS (n) se fait par les trous, les équations (III-10) et (III-12) sont combinées pour tirer une expression de l'équation de continuité des trous:

$$D_p \frac{\partial^2 \Delta p}{\partial x^2} + G_p - \frac{\Delta p}{\tau_p} = 0 \qquad \text{(III-15)}$$

   Cette équation est différentielle du 2eme degré avec second membre, qui admet une solution homogène (S$_h$) et une solution particulière (S$_r$).

La solution homogène:

$$S_h = A\cosh\left(\frac{x}{L_p}\right) + B\sinh\left(\frac{x}{L_p}\right) \qquad\qquad\text{(III-16)}$$

Où $L_p = \sqrt{D_p \tau_p}$.

$$S_r = k\exp(-\alpha_1 x) \qquad\qquad\qquad\text{(III-17)}$$

Où A, B, k sont des constantes, la solution générale est:
$S_G = S_h + S_r$.

$$S_G = \Delta p = A\cosh\left(\frac{x}{L_p}\right) + B\sinh\left(\frac{x}{L_p}\right) + k\exp(-\alpha_1 x) \qquad\qquad\text{(III-18)}$$

Avec $k = \dfrac{-\alpha_1 \Phi_i (1-R)\tau_p}{\alpha_1^2 L_p^2 - 1}$ \qquad\qquad\qquad\text{(III-19)}.

A et B sont des constantes d'intégration déterminées à l'aide des conditions aux limites suivantes:

- L'origine des abscisses étant à la surface du CdS, la vitesse de recombinaison S_p à la surface est :

$$S_p \Delta_p = D_p \left.\frac{\partial \Delta p}{\partial x}\right|_{x=0} \qquad\qquad\qquad\text{(III-20)}$$

- Tous les porteurs en excès, au bord de la région de déplétion, sont balayés par le champ interne.

$$\Delta p\big|_{x=x_j} = 0 \qquad\qquad\qquad\text{(III-21)}$$

Ce qui donne:

$$A = -k \frac{\left(\alpha_1 + \dfrac{S_p}{D_p}\right)\sinh\left(\dfrac{x_j}{L_p}\right) + \dfrac{\exp(-\alpha_1 x_j)}{L_p}}{\dfrac{S_p}{D_p}\sinh\left(\dfrac{x_j}{L_p}\right) + \dfrac{1}{L_p}\cosh\left(\dfrac{x_j}{L_p}\right)} \tag{III-22}$$

$$B = k \frac{\left(\alpha_1 + \dfrac{S_p}{D_p}\right)\cosh\left(\dfrac{x_j}{L_p}\right) - \dfrac{S_p}{D_p}\exp(-\alpha_1 x_j)}{\dfrac{S_p}{D_p}\sinh\left(\dfrac{x_j}{L_p}\right) + \dfrac{1}{L_p}\cosh\left(\dfrac{x_j}{L_p}\right)} \tag{III-23}$$

$$\Delta p = \frac{\alpha_1 \Phi_i (1-R)\tau_p}{(\alpha_1^2 L_p^2 - 1)} \left[\frac{\left(\dfrac{S_p L_p}{D_p} + \alpha_1 L_p\right)\sinh\left(\dfrac{x_j - x}{L_p}\right) + \exp(-\alpha_1 x_j)\left(\dfrac{S_p L_p}{D_p}\sinh\left(\dfrac{x}{L_p}\right) + \cosh\left(\dfrac{x}{L_p}\right)\right)}{\dfrac{S_p L_p}{D_p}\sinh\left(\dfrac{x_j}{L_p}\right) + \cosh\left(\dfrac{x_j}{L_p}\right)} - \exp(-\alpha_1 x) \right] \tag{III-24}$$

Et la densité de photocourant des trous au bord de la région de déplétion est:

$$Jp = -qD_p \left(\frac{\partial p}{\partial x}\right)_{x=x_j} \tag{III-25}$$

$$Jp = \frac{q\alpha_1 L_p \Phi_i (1-R)}{(\alpha_1^2 L_p^2 - 1)} \left[\frac{\left(\dfrac{S_p L_p}{D_p} + \alpha_1 L_p\right) - \exp(-\alpha_1 x_j)\left(\dfrac{S_p L_p}{D_p}\cosh\left(\dfrac{x_j}{L_p}\right) + \sinh\left(\dfrac{x_j}{L_p}\right)\right)}{\dfrac{S_p L_p}{D_p}\sinh\left(\dfrac{x_j}{L_p}\right) + \cosh\left(\dfrac{x_j}{L_p}\right)} - \alpha_1 L_p \exp(-\alpha_1 x_j) \right] \tag{III-26}$$

2) Calcul du courant dans le Cu(In,Ga)Se$_2$ (p)

Le taux de génération de paires é-e$^+$ à une dimension x de la surface du CIGS est donné par :

$$G(\lambda, x) = \alpha_2(\lambda)\Phi_i(1-R)\exp(-\alpha_1(x_j + w_1))\exp(-\alpha_2 w_2)\exp(-\alpha_2 x) \tag{III-27}$$

L'équation de continuité des électrons est:

$$D_n \frac{\partial^2 \Delta n}{\partial x^2} + G_n - \frac{\Delta n}{\tau_n} = 0 \qquad \text{(III-28)}$$

Pour trouver le photocourant collecté de la base (Cu(In,Ga)Se$_2$) de la cellule, on utilise les conditions aux limites suivantes:

- Une vitesse de recombinaison S$_n$ au contact arrière:

$$S_n \Delta_n = D_n \left. \frac{\partial \Delta n}{\partial x} \right|_{x=h} \qquad \text{(III-29)}$$

h: est l'épaisseur de la cellule entière.

- Une faible densité des porteurs en excès au bord de la région de déplétion, à cause du champ électrique dans celle-ci:

$$\Delta n \big|_{x=x_j + w_1 + w_2} = 0 \qquad \text{(III-30)}$$

Donc, avec ces conditions, la distribution des électrons dans la base est donnée par :

$$\Delta n = \frac{\alpha_2 \Phi_i (1-R) \tau_n \exp(-\alpha_1(x_j + w_1)) \exp(-\alpha_2 w_2)}{(\alpha_2^2 L_n^2 - 1)}$$

$$\left[\cosh\left(\frac{x - (x_j + w_1 + w_2)}{L_n} \right) - \exp(-\alpha_2 (x - (x_j + w_1 + w_2))) \right.$$

$$\left. - \frac{\left(\frac{S_n L_n}{D_n} \right)\left(\cosh\left(\frac{x_b}{L_n} \right) - \exp(-\alpha_2 x_b) \right) + \sinh\left(\frac{x_b}{L_n} \right) + \alpha_2 L_n \exp(-\alpha_2 x_b)}{\left(\frac{S_n D_n}{L_n} \sinh\left(\frac{x_b}{L_n} \right) + \cosh\left(\frac{x_b}{L_n} \right) \right)} \sinh\left(\frac{x - (x_j + w_1 + w_2)}{L_n} \right) \right]$$

(III-31)

$$L_n = \sqrt{D_n \tau_n}$$

x$_b$: est l'épaisseur de la base.

x$_b$ = h - (x$_j$ + w$_1$ + w$_2$).

La densité du photocourant des électrons collectés au bord de la région de déplétion est :

$$Jn = qD_n \left(\frac{\partial n}{\partial x} \right)_{x=x_j+w_1+w_2} \tag{III-32}$$

$$Jn = \frac{q\Phi_i(1-R)\exp(-\alpha_1(x_j+\omega_1))\exp(-\alpha_2\omega_2)\alpha_2 L_n}{(\alpha_2^2 L_n^2 - 1)}$$

$$\left[\alpha_2 L_n - \frac{\dfrac{S_n L_n}{D_n}\left(\cosh\left(\dfrac{x_b}{L_n}\right) - \exp(-\alpha_2 x_b)\right) + \sinh\left(\dfrac{x_b}{L_n}\right) + \alpha_2 L_n \exp(-\alpha_2 x_b)}{\dfrac{S_n L_n}{D_n}\sinh\left(\dfrac{x_b}{L_n}\right) + \cosh\left(\dfrac{x_b}{L_n}\right)} \right] \tag{III-33}$$

3) Calcul du courant dans la zone de charge d'espace (ZCE)

Une génération du photocourant prend origine à l'intérieur de la région de déplétion. Le champ électrique dans cette région est assez élevé pour que les porteurs photogénérés seront accélérés à l'extérieur des zones de charge d'espace avant qu'ils se recombinent, l'équation de continuité s'écrit :

$$\frac{1}{q} \cdot \frac{\partial Jn}{\partial x} + G = 0 \tag{III-34}$$

Le courant de génération d'électrons en x=x$_j$ est par conséquent donné par:

$$Jgn(x=x_j) = -q \int_{xj}^{xj+w1+w2} G\,dx \tag{III-35}$$

$$Jgn(x=x_j) = -q\Phi_i(1-R)\left[\alpha_1 \int_{xj}^{xj+w1} \exp(-\alpha_1 x)dx + \alpha_2 \int_{xj+w1}^{xj+w1+w2} \exp(-\alpha_2 x)dx \right] \tag{III-36}$$

Donc, le courant dans la zone de charge d'espace devient :

$$Jg = q\Phi_i(1-R)\exp(-\alpha_1 x_j)\left[(1-\exp(-\alpha_1 w_1)) + \exp(-\alpha_1 w_1)(1-\exp(-\alpha_2 w_2))\right] \qquad \text{(III-37)}$$

4) Conclusion

Dans ce chapitre nous avons étudié les propriétés de la cellule CdS/CIGS, nous avons présenté la structure de la cellule et le diagramme de bande.

A partir des équations de continuités et des courants, nous sommes arrivé à déterminer la distribution des porteurs le long de la cellule et à tirer l'équation qui caractérise le photocourant ou le courant d'éclairement fournit par la cellule. Le photocourant est la somme des trois composantes : le photocourant dû aux électrons, le photocourant dû aux trous et le courant de génération à l'intérieur de la zone de charge d'espace.

Le photocourant nous permet de déterminer les caractéristiques électriques de sortie de la cellule. La cellule solaire, est caractérisée essentiellement par sa tension de circuit ouvert V_{co}, son courant de court circuit I_{sc}, son facteur de forme et son rendement. Ces paramètres seront calculés dans le prochain chapitre.

CHAPITRE IV

Simulation et Résultats

Introduction

Dans ce chapitre nous allons étudié par le biais de la simulation par la méthode de Newton de l'équation non linéaire I(V) que nous présenterons par la suite, la cellule solaire CdS/CIGS en vu d'essayer d'optimiser leurs performances et d'extraire les caractéristiques de sortie de cette structure à savoir le rendement de conversion, le courant de court-circuit I_{sc}, la tension de circuit ouvert V_{co} et le facteur de forme FF.

On note que, pour notre cellule étudié, la surface de la cellule est 0.5 cm^2 sous un éclairement solaire de 1 kw/m^2 ($AM_{1.5}$), les paramètres géométriques sont ceux présentées au chapitre III. pour la base (CIGS) on donne la valeur de Na=10^{15} cm^{-3} comme valeur initiale de but à savoir l'allure générale des courbes et on fixe le gap à la valeur de 1.12eV, ce choix nous permet la comparaison de nos résultats avec celles des réalisations expérimentales .

1) Détermination des paramètres physiques

Notre étude a été fait sur cette cellule avec des paramètres physiques regroupés dans la tableau suivant:

paramètre	signification	Valeur/unité	Réf
ξ_0	Constante diélectrique du vide	8.8410^{-14}(F/cm)	[14]
ξ_{r1}	Permittivité relative de CdS	9.4	[9]
ξ_{r2}	Permittivité relative de CIGS	10.23	[1]
N_{c1}	la densité effective d'état dans la bande de conduction du CdS	6.710^{17}(cm^{-3})	[43]
N_{v2}	la densité effective d'état dans la bande de valence du CIGS.	1.510^{19}(cm^{-3})	[43]
N_d	la densité des porteurs libres dans le CdS	10^{17}(cm^{-3})	[45]
N_a	la densité des porteurs libres dans le CIGS.	10^{15}(cm^{-3})	[45]
ΔE_{c0}	La différence d'énergie entre les bandes de conduction au	0.3(eV)	[46]

	voisinage de l'interface		
Sp	Vitesse de recombinaison des trous et électrons.	10^6(cm/s)	[45]
Sn	Vitesse de recombinaison des électrons	10^7(cm/s)	[45]
Dp	Constante de diffusion des trous dans le CdS	0.259(cm^2/s)	[45]
Dn	Constante de diffusion des électrons dans le CIGS	3.88(cm^2/s)	[45]
Lp	Longueur de diffusion des trous dans le CdS	510^{-6}(cm)	[45]
Ln	Longueur de diffusion des électrons dans le CIGS	10^{-5}(cm)	[45]
Ug_2	Energie de gap de CIGS	1.12(eV)	[43]
Rs	Résistance série.	0.2($\Omega.cm^2$)	[43]
Rsh	Résistance shunt	10^4($\Omega.cm^2$)	[43]

On note également que le choix de ces paramètres et les autres paramètres utilisées dans ce travail est confirmé par les références [43, 45, 46]. Nos résultats sont présentés suivant plusieurs étapes.

2) Première étape

La première étape est destinée pour le calcul du photocourant donné par chaque zone de la cellule ; le courant de l'émetteur Ip, le courant de la zone de charge d'espace Ig et le courant de la base In

L'algorithme général étant :

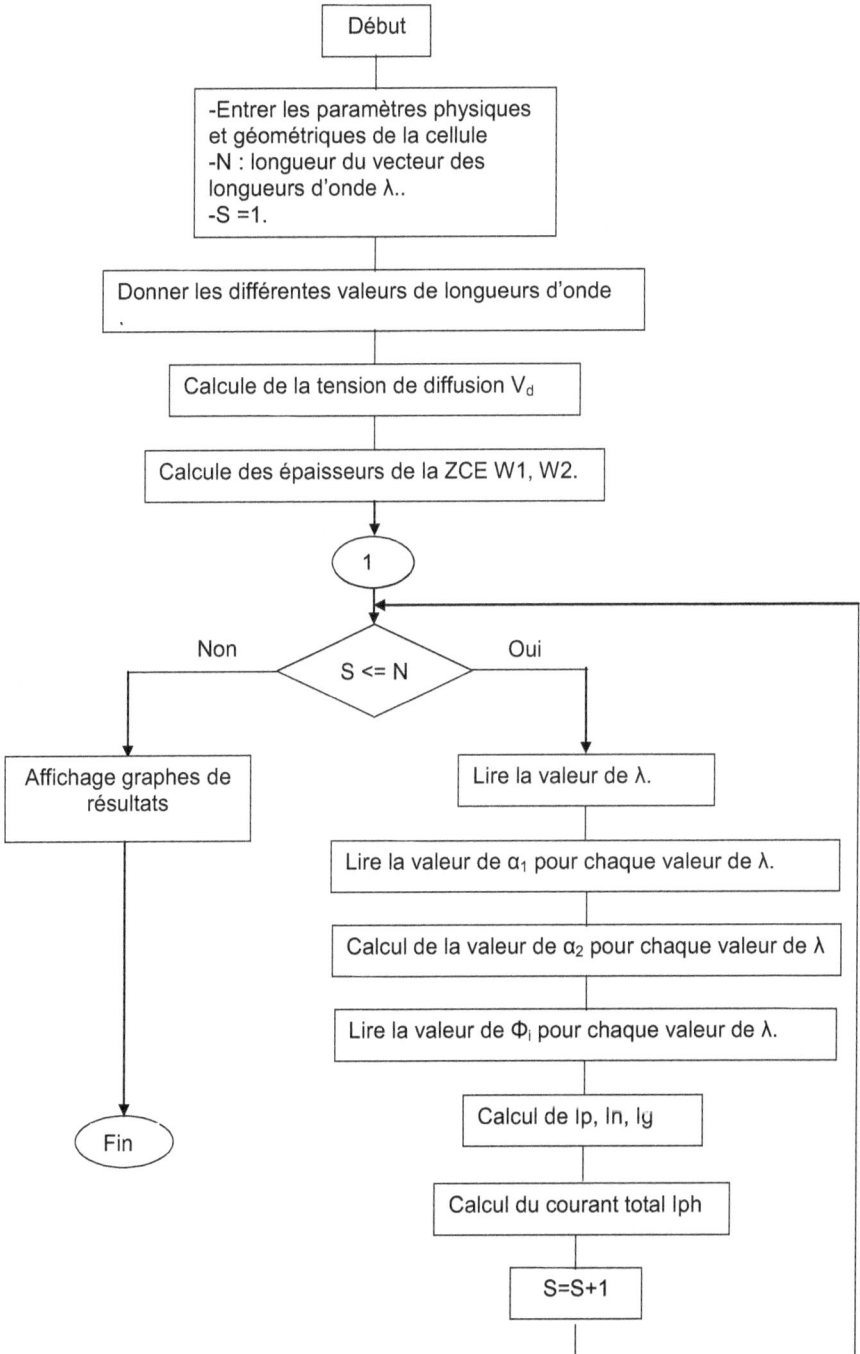

Début

-Entrer les paramètres physiques
et géométriques de la cellule
-N : longueur du vecteur des
longueurs d'onde λ..
-S =1.

Donner les différentes valeurs de longueurs d'onde

Calcule de la tension de diffusion V_d

Calcule des épaisseurs de la ZCE W1, W2.

1

Non   S <= N   Oui

Affichage graphes de résultats

Lire la valeur de λ.

Lire la valeur de α_1 pour chaque valeur de λ.

Calcul de la valeur de α_2 pour chaque valeur de λ

Lire la valeur de Φ_i pour chaque valeur de λ.

Calcul de Ip, In, Iɣ

Calcul du courant total Iph

S=S+1

Fin

- ### *Le courant de l'émetteur CdS (Ip)*

Cette couche nous donne un courant de diffusion des phototrous exprimé par l'équation (III-25):

$$Jp = \frac{q\alpha_1 L_p \Phi_i (1-R)}{(\alpha_1^2 L_p^2 - 1)} \left[\frac{\left(\frac{S_p L_p}{D_p} + \alpha_1 L_p\right) - \exp(-\alpha_1 x_j)\left(\frac{S_p L_p}{D_p}\cosh\left(\frac{x_j}{L_p}\right) + \sinh\left(\frac{x_j}{L_p}\right)\right)}{\frac{S_p L_p}{D_p}\sinh\left(\frac{x_j}{L_p}\right) + \cosh\left(\frac{x_j}{L_p}\right)} - \alpha_1 L_p \exp(-\alpha_1 x_j) \right]$$

Lors du calcul, nous avons remarqué que la valeur du courant de l'émetteur est très faible (Fig IV-1), le CdS étant très mince, donc tous les photons d'énergie supérieure à 2.4 eV peuvent traverser de même que le ZnO qui a un gap supérieur à 3 eV. Nous avons aussi remarqué que l'allure de ce courant dépend essentiellement du coefficient d'absorption (Fig IV-2) la courbe du courant n'existe que pour un intervalle très court des longueurs d'onde.

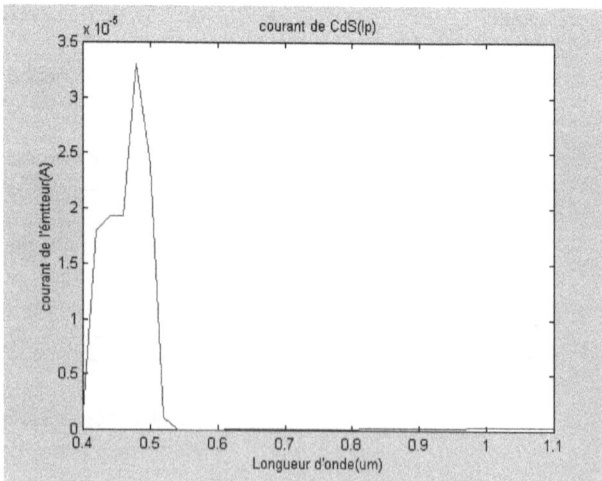

Fig IV-1 Variation du courant de l'émetteur en fonction de la longueur d'onde

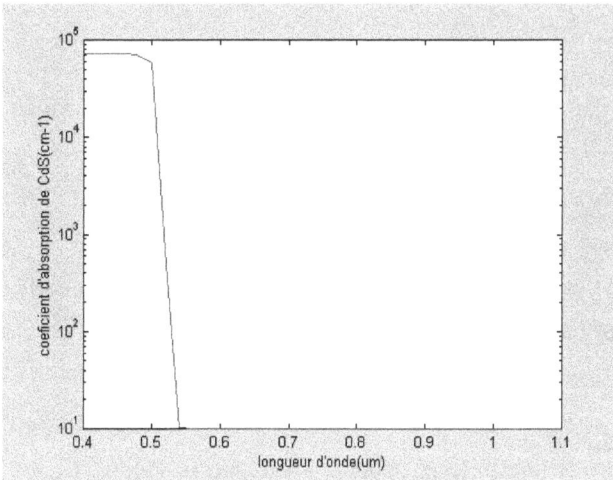

Fig IV-2 Coefficient d'absorption du CdS en fonction de la longueur d'onde.

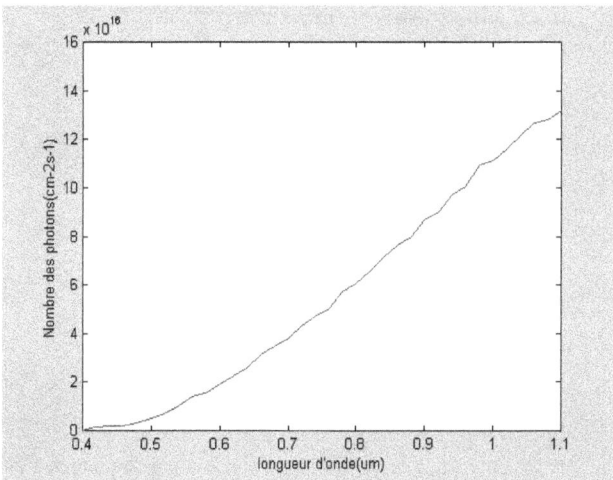

Fig IV-3 Nombre de photons incidents en fonction de la longueur d'onde,

- ## *Le courant de la base CIGS (In)*

Dans cette couche nous avons un courant de diffusion des photoélectrons exprimé par l'équation (III-31) :

73

$$Jn = \frac{q\Phi_i(1-R)\exp(-\alpha_1(x_j + \omega_1))\exp(-\alpha_2\omega_2)\alpha_2 L_n}{(\alpha_2^2 L_n^2 - 1)}$$

$$\left[\alpha_2 L_n - \frac{\dfrac{S_n L_n}{D_n}\left(\cosh\left(\dfrac{x_b}{L_n}\right) - \exp(-\alpha_2 x_b)\right) + \sinh\left(\dfrac{x_b}{L_n}\right) + \alpha_2 L_n \exp(-\alpha_2 x_b)}{\dfrac{S_n L_n}{D_n}\sinh\left(\dfrac{x_b}{L_n}\right) + \cosh\left(\dfrac{x_b}{L_n}\right)} \right]$$

Le courant de la base (Fig IV-5) est aussi faible, il suit la variation du flux de photons. Pour les faibles longueurs d'onde, le courant a une faible variation où le coefficient d'absorption est élevé (Fig IV-4), ce qui montre que les photoporteurs sont générées prés de la zone de charge d'espace, de ce fait ils seront tous collectés, ensuite la valeur du courant augmente avec l'augmentation du flux et le coefficient d'absorption est encore considérable, mais elle reste toujours très petit par apport aux courant de la ZCE , c'est un courant de diffusion sur une couche mince.

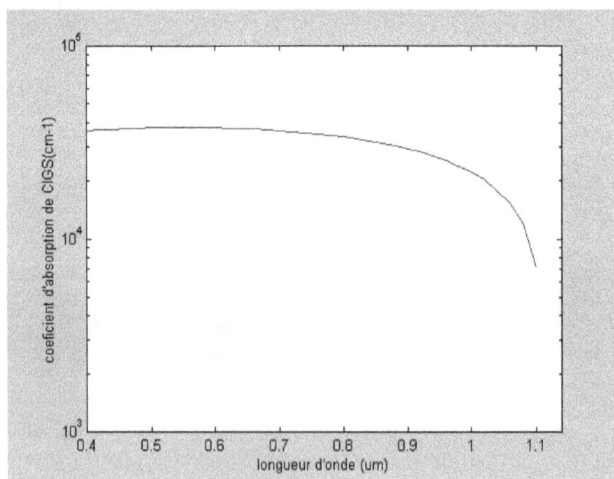

Fig IV-4 Coefficient d'absorption du CIGS en fonction de la longueur d'onde.

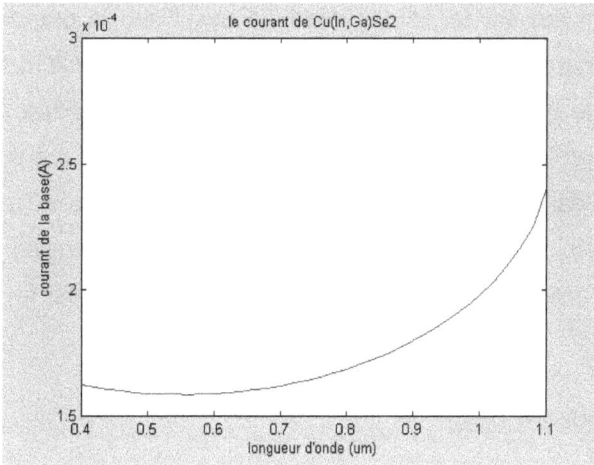

Fig IV-5 Variation du courant de la base en fonction de la longueur d'onde

- ### *Le courant de la zone de charge d'espace (ZCE) (Ig)*

Le courant de la photogénération est localisé dans la zone de charge d'espace, où les photons génèrent des paires é-e$^+$ c'est le courant dominant dans la cellule, il est exprimé par l'équation (III-35) :

$$Jg = q\Phi_i(1-R)\exp(-\alpha_1 x_j)\left[\left(1-\exp(-\alpha_1\omega_1)\right)+\exp(-\alpha_1\omega_1)\left(1-\exp(-\alpha_2\omega_2)\right)\right]$$

Ce courant est représenté sur la (Fig IV-6). Nous avons remarqué que ce courant est plus élevé par apport aux courants précédents ce qui affirme ce que nous avons présenté dans la théorie. Il est important parce que la couche de l'émetteur est mince ; de ce fait les photons énergétiques vont atteindre facilement cette zone créant ainsi un courant important, il varie selon le flux des photons et le coefficient d'absorption, pour les grandes longueurs d'onde, le cumul de grand flux et d'une grande absorption a donné un courant important, ensuite le courant diminue car l'absorption devient faible. On constate aussi que la grande partie de la zone de charge d'espace appartient de la couche de CIGS (W_2 =0.75µm, le moitié de la couche de CIGS) où le coefficient d'absorption est élevé, donc l'absorption est la génération est considérable. Il y a aussi le champ électrique dans cette zone qui sépare les charges dés l'instant de leur création, ce qui réduit considérablement les recombinaisons dans cette zone. On obtient finalement un courtant important, c'est le courant de la cellule

- ## *Le courant total*

Le courant total est représenté sur la (Fig IV-7) . Ce courant qui est la somme des trois courants, est représente presque la même variation du courant de la zone de charge d'espace (Ig), qui est de l'ordre 10^{-3}A où (In) est de l'ordre 10^{-4}A et (Ip) est de l'ordre de 10^{-5}A. ceci est expliqué par la grande différence entre le courant de la photogénération et les courants des diffusions. On résulte que la zone de charge d'espace est le courant dominant dans la cellule .

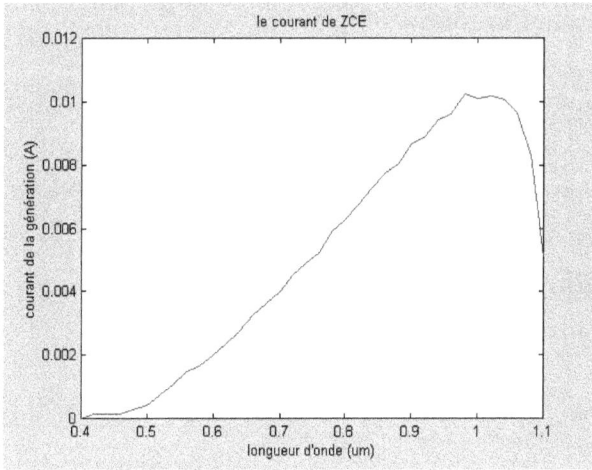

Fig IV-6 Variation du courant de la zone de charge d'espace en fonction de la longueur d'onde.

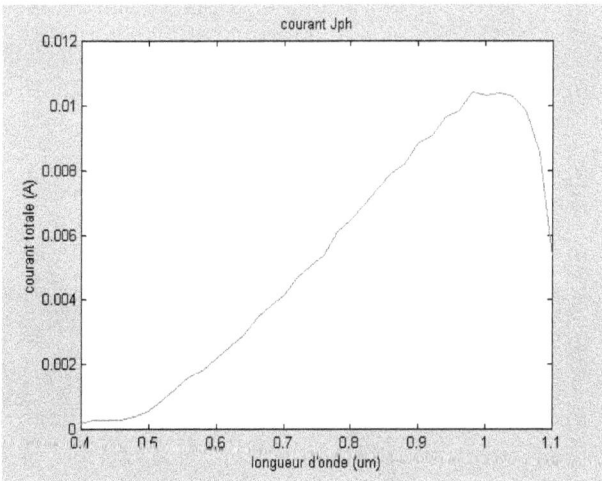

Fig IV-7 Variation du courant total en fonction de la longueur d'onde.

3) Deuxième étape

La deuxième étape est consacrée pour la représentation et l'extraction des caractéristiques de sortie après avoir sorti le courant de la cellule. Nous avons simulé l'équation caractéristique I(V) par la méthode de Newton ainsi qu'on a calculé le rendement et le facteur de forme.

L'algorithme de calcul est représenté par:

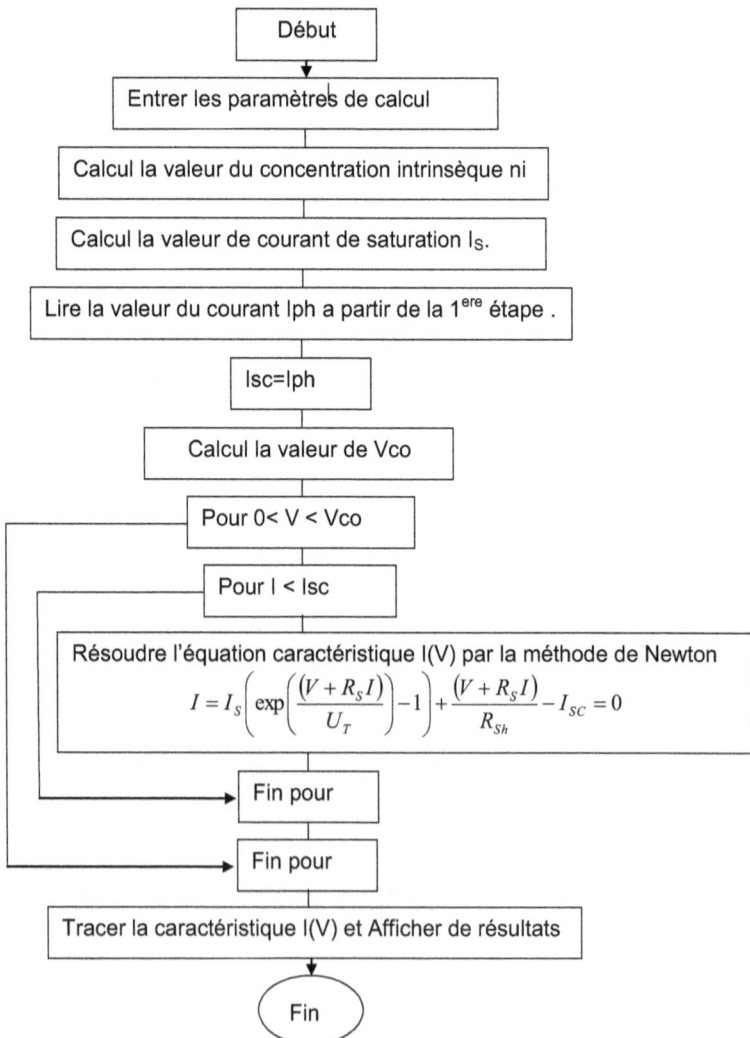

```
                        ┌─────────────────┐
                        │      Début       │
                        └─────────────────┘
                                 │
        ┌────────────────────────────────────────────┐
        │      Entrer les paramètres de calcul        │
        └────────────────────────────────────────────┘
                                 │
        ┌────────────────────────────────────────────┐
        │  Calcul la valeur du concentration intrinsèque ni │
        └────────────────────────────────────────────┘
                                 │
        ┌────────────────────────────────────────────┐
        │  Calcul la valeur de courant de saturation Is. │
        └────────────────────────────────────────────┘
                                 │
        ┌────────────────────────────────────────────┐
        │  Lire la valeur du courant Iph a partir de la 1ere étape . │
        └────────────────────────────────────────────┘
                                 │
                        ┌─────────────────┐
                        │     Isc=Iph      │
                        └─────────────────┘
                                 │
                  ┌───────────────────────────┐
                  │  Calcul la valeur de Vco   │
                  └───────────────────────────┘
                                 │
                  ┌───────────────────────────┐
                  │      Pour 0< V < Vco       │
                  └───────────────────────────┘
                                 │
                  ┌───────────────────────────┐
                  │       Pour I < Isc         │
                  └───────────────────────────┘
```

$$I = I_S\left(\exp\left(\frac{(V + R_S I)}{U_T}\right) - 1\right) + \frac{(V + R_S I)}{R_{Sh}} - I_{SC} = 0$$

Résoudre l'équation caractéristique I(V) par la méthode de Newton

```
                  ┌───────────────────────────┐
                  │        Fin pour            │
                  └───────────────────────────┘
                                 │
                  ┌───────────────────────────┐
                  │        Fin pour            │
                  └───────────────────────────┘
                                 │
        ┌────────────────────────────────────────────┐
        │  Tracer la caractéristique I(V) et Afficher de résultats │
        └────────────────────────────────────────────┘
                                 │
                        ┌─────────────────┐
                        │       Fin        │
                        └─────────────────┘
```

• *La caractéristique I(V)*

D'après le circuit équivalent (Fig I-7), nous avons tiré L'équation caractéristique de la cellule I(V). En utilisant les conditions de circuit-ouvert et de court-circuit respectivement nous avons abouti aux équations donnant la tension de circuit ouvert et le courant de court circuit. La (Fig IV-8) représenté la caractéristique I(V), ainsi que la caractéristique P(V).

Pour le courant du court-circuit, la tension du circuit-ouvert, le rendement et le facteur de forme, Le tableau (IV-1) résume ces résultats :

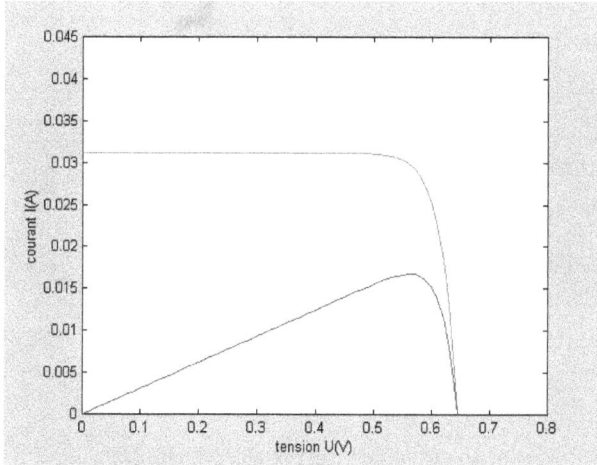

Fig IV-8 : Caractéristique de sortie I(V)

Eg de $Cu(In,Ga)Se_2$	$I_{sc}(mA)/cm^2$	$V_{co}(mV)$	$\eta(\%)$	FF(%)
1.12 eV	31.2	658.3	17.13	83.39

Tableau IV-1

79

5) Troisième étape: Influence du dopage de la base

Pour cette étape nous allons étudié l'influence du dopage sur les courants de la cellule et évidemment sur la caractéristique I(V), on a pris pour cela l'algorithme suivant :

Algorithme de calcul

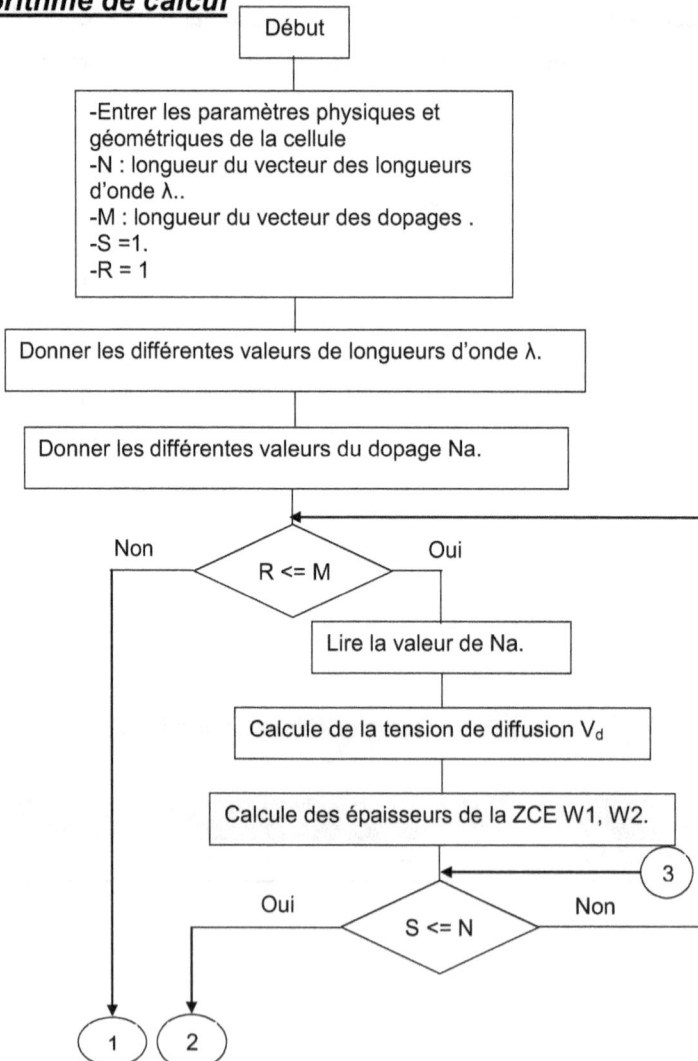

Début

-Entrer les paramètres physiques et géométriques de la cellule
-N : longueur du vecteur des longueurs d'onde λ..
-M : longueur du vecteur des dopages .
-S =1.
-R = 1

Donner les différentes valeurs de longueurs d'onde λ.

Donner les différentes valeurs du dopage Na.

Non   R <= M   Oui

Lire la valeur de Na.

Calcule de la tension de diffusion V_d

Calcule des épaisseurs de la ZCE W1, W2.

3

Oui   S <= N   Non

1   2

```
   ( 1 )                          ( 2 )                    ( 3 )
     |                              |                        |
     |                  +------------------------+           |
     |                  |  Lire la valeur de λ.  |           |
     |                  +------------------------+           |
     |                              |                        |
     |        +---------------------------------------------+|
     |        | Lire la valeur de α₁ pour chaque valeur de λ.|
     |        +---------------------------------------------+|
     |                              |                        |
     |        +---------------------------------------------+|
     |        | Calcul de la valeur de α₂ pour chaque valeur de λ|
     |        +---------------------------------------------+|
     |                              |                        |
     |        +---------------------------------------------+|
     |        | Lire la valeur de Φᵢ pour chaque valeur de λ.|
     |        +---------------------------------------------+|
     |                              |                        |
+------------------------+   +------------------------+      |
| Affichage graphes de   |   |   Calcul de Ip, In, Ig |      |
| résultats              |   +------------------------+      |
+------------------------+              |                    |
     |                     +------------------------+         |
     |                     | Calcul du courant total Iph|     |
     |                     +------------------------+         |
     |                              |                        |
  (  Fin  )             +------------------+                 |
                        |    S=S+1         |                 |
                        +------------------+-----------------+
```

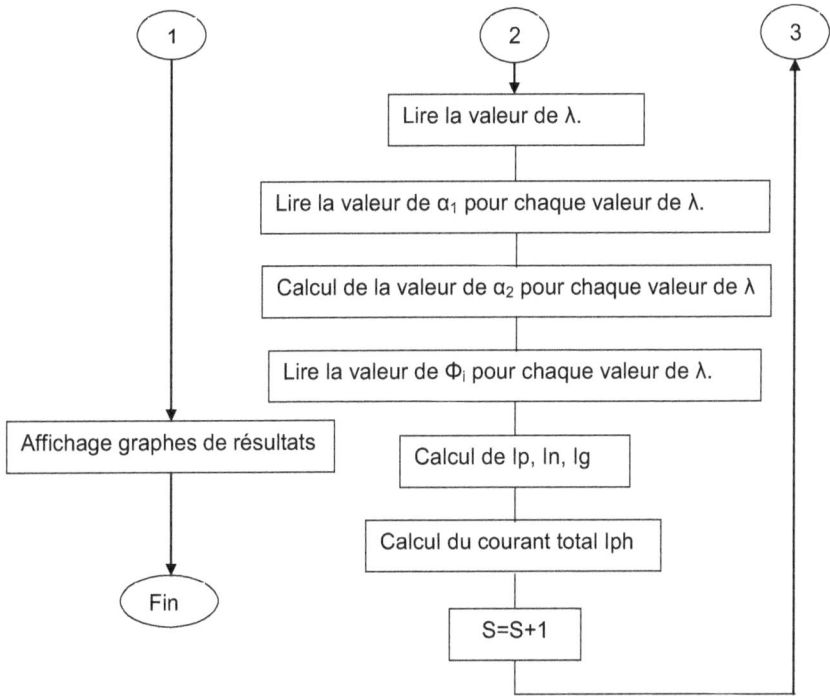

Nous avons varié Na de 10^{14} à 10^{16} cm^{-3} d'après les calculs on constate que :

Pour le courant de l'émetteur , on remarque que plus le dopage augmente plus Ip est élevé Fig(IV-9), puisque d'après nos calculs et la géométrie de la cellule, Ip est proportionnel à W1 donc si Na augmente W1 augmente et Ip devient élevé, mais il reste toujours très petit par apport aux autres courants.

D'après la courbe (Fig IV-10), on constate que le courant de la base augmente avec l'augmentation du dopage ceci expliqué par le fait que si le dopage augmente, le nombre des électrons augmente donc le courant In devient plus grand, ainsi que avec l'augmentation du dopage W2 sera diminue ce qui va élargir l'épaisseur de la base.

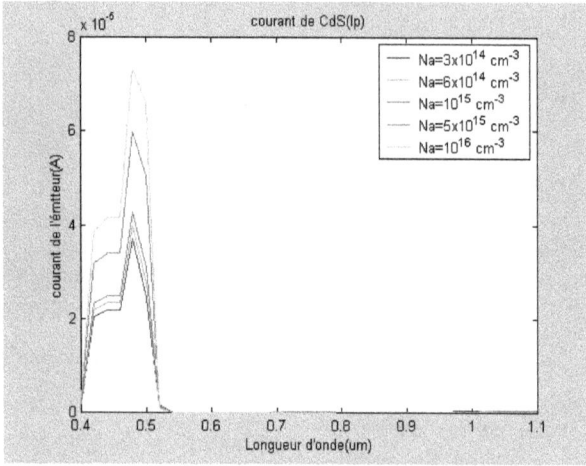

Fig IV-9 Variation du courant de l'émetteur en fonction de la longueur d'onde
en variant le dopage Na.

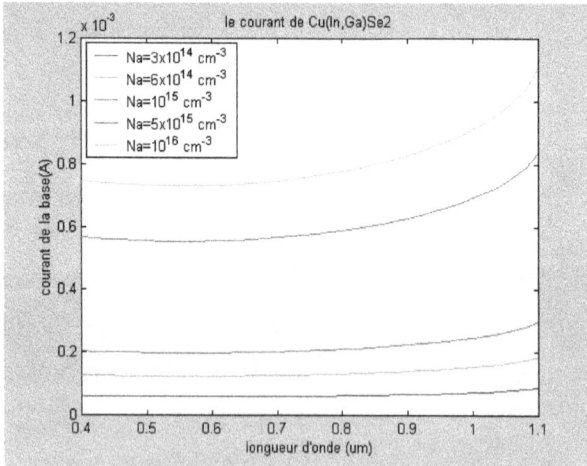

Fig IV-10 Variation du courant de la base en fonction de la
longueur d'onde en variant le dopage Na.

La variation du courant de la zone de charge d'espace (Fig IV-11) nous indique que plus le dopage augmente le courant est diminue, on explique sa variation par le fait que l'augmentation du dopage fait réduire la zone de charge d'espace, ce qui va diminuer le courant.

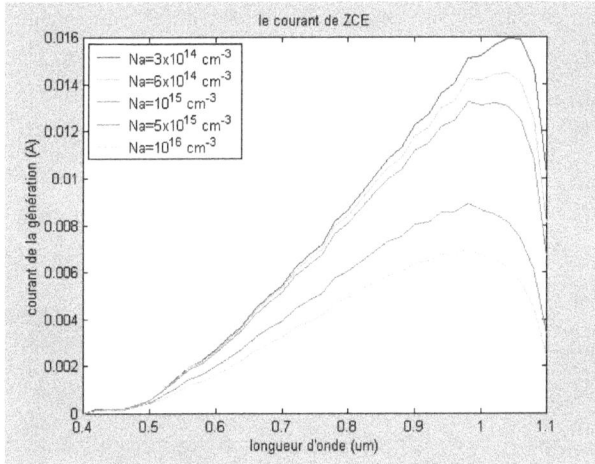

Fig IV-11 Variation du courant de la ZCE en fonction de la
longueur d'onde en variant le dopage Na.

Le courant total de la cellule (Fig IV-12) a presque la même allure que le courant de la zone de charge d'espace, donc si le dopage augmente Iph sera diminué. Signalant ainsi que le courant de la zone de charge d'espace est un courant considérable.

Nous avons présenté la caractéristique I(V) en fonction du dopage la (Fig IV-13). Le courant de court-circuit Isc atteint sa plus grande valeur pour le faible dopage , Vco est proportionnel au dopage .

Le tableau (IV-2) résume les résultats de cette étape.

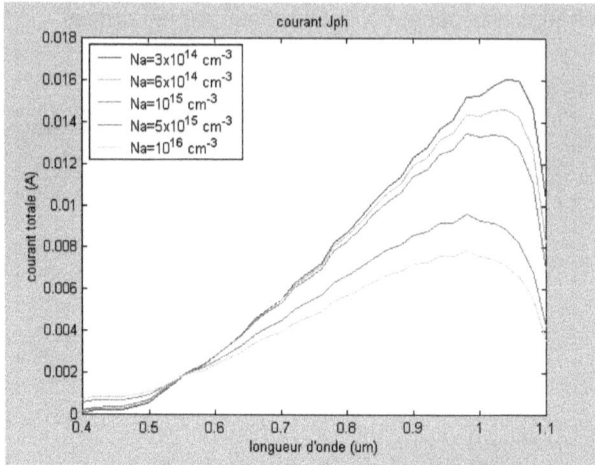

Fig IV-12 Variation du courant total en fonction de la
longueur d'onde en variant le dopage Na.

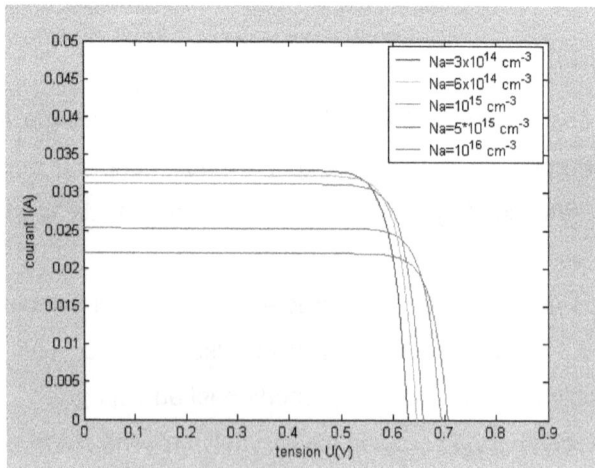

Fig IV-13 La caractéristique I(V) en fonction du dopage de la base.

84

Na (cm^{-3})	I$_{sc}$(mA)/cm^2	V$_{co}$(mV)	η(%)	FF(%)
3x10^{14}	33.0	629.9	17.22	82.84
6x10^{14}	32.3	646.5	**17.37**	83.18
10^{15}	31.2	658.3	17.13	83.39
5x10^{15}	25.3	692.8	14.75	84.13
10^{16}	22.0	706.4	13.11	84.39

Tableau IV-2

Donc, on accepte que la valeur **Na=6x10^{14} cm^{-3}** est une valeur optimale comme un dopage de la base avec un rendement de **η=17.37%**.

5) Quatrième étape : Influence du dopage de l'émetteur

Après avoir optimisé le dopage de la base nous avons étudié l'influence du dopage de l'émetteur sur les caractéristiques de sortie de la cellule. Nous avons utilisé le même algorithme précèdent on fixe Na et on varie le dopage Nd de 5x10^{16} à 5x10^{17} cm^{-3} . Nous avons remarqué que; les courants de l'émetteur et de la base varient le dopage tandis que le courant de la ZCE ainsi que le courant total varie légèrement .

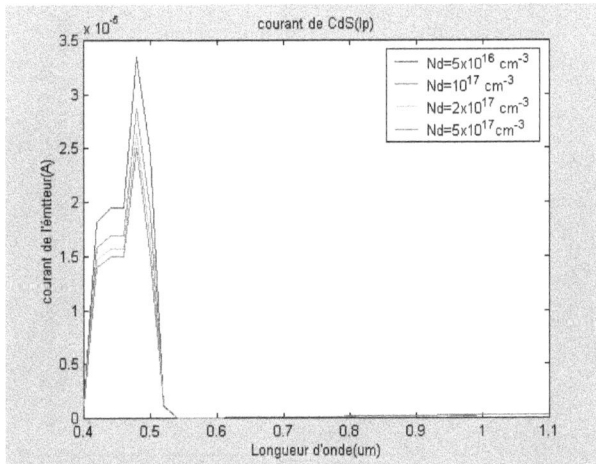

Fig IV-14 Variation du courant de l'émetteur en fonction de la longueur d'onde en variant le dopage Nd.

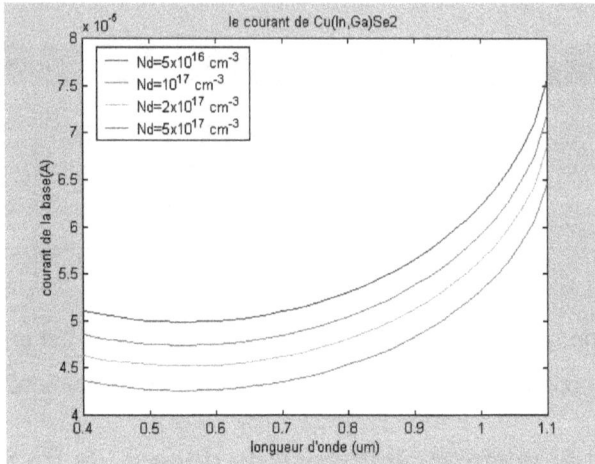

Fig IV-15 Variation du courant de la base en fonction de la
longueur d'onde en variant le dopage Nd.

Le courant de l'émetteur est inversement proportionnel au dopage, ceci est expliqué par le fait que la durée de vie des trous diminue avec l'augmentation du dopage, ainsi les recombinaisons des trous devient importante (Fig IV-14), W2 est proportionnel au dopage ce qui implique que le courant de la base diminue avec l'augmentation du dopage (Fig IV-15).

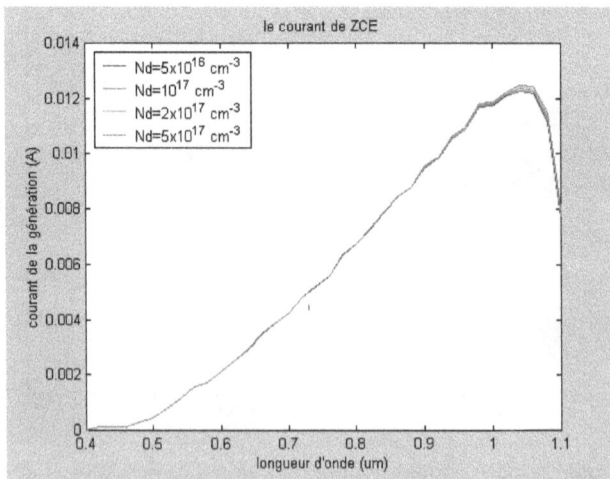

Fig IV-16 : Variation du courant de la ZCE en fonction de

86

la longueur d'onde en variant le dopage Nd.

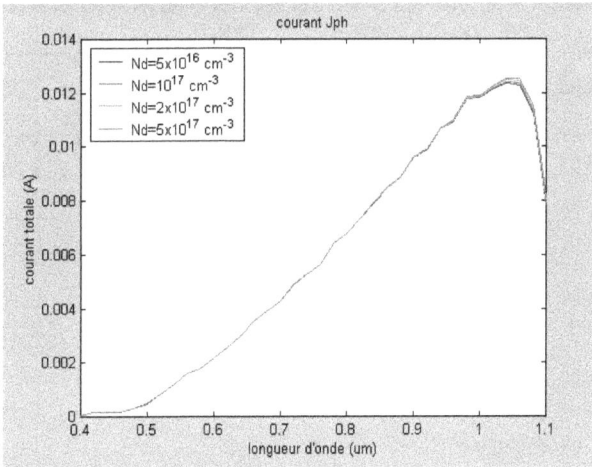

Fig IV-17 Variation du courant total en fonction de
la longueur d'onde en variant le dopage Nd.

Mais les deux courants restent très petits par apport au courant de la zone de charge d'espace.

Les variations des courants de la zone de charge d'espace et le courant total sont présentés respectivement, par les (Fig IV-16, Fig IV-17), nous avons trouvé que ces deux courants restent invariants vis-à-vis du dopage, sauf une petite augmentation prés des grandes longueurs d'onde, la valeur de Iph est légèrement augmente de 32.2 à 32.4 mA/cm^2.

Donc en conclusion, l'influence du dopage de l'émetteur est faible sur les composants des courants

La caractéristique I(V) en fonction du dopage Nd (Fig IV-18) montre que le dopage de l'émetteur n'a pas une influence sur cette dernière.

Le tableau (IV-3) résume nos résultats obtenus lors de l'optimisation de l'émetteur

Nd (cm^{-3})	I$_{sc}$(mA)/cm^2	V$_{co}$(mV)	η(%)	FF(%)
5x10^{16}	32.2	646.4	17.32	83.18
10^{17}	32.3	646.5	17.37	83.18
2x10^{17}	32.3	646.5	17.32	83.18
5x10^{17}	32.4	646.6	**17.43**	83.18

Tableau IV-3

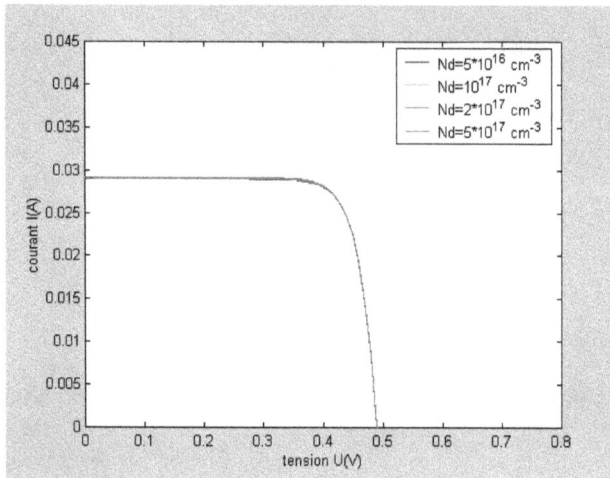

Fig IV-18 La caractéristique I(V) en fonction du dopage de l'émetteur.

Nous pouvons enfin, prendre la valeur du dopage de l'émetteur **Nd=5x10^{17} cm^{-3}** pour que le rendement de conversion prenne sa valeur optimale.

6) Cinquième étape : La réponse spectrale

La réponse spectrale interne nous donne le photocourant obtenu pour chaque longueur d'onde relative au nombre de photons incidents sur la surface du semiconducteur. On peut définir ainsi la réponse spectrale par :

$$\eta = \frac{Jp(\lambda) + Jn(\lambda) + Jg(\lambda)}{q\phi_i(\lambda)(1 - R)}$$

Pour notre cellule les résultats sont présentés par les figures (Fig IV-19, Fig IV-20), dans le but de connaître l'influence du dopage sur la réponse spectrale, nous avons tracé les réponses spectrales en fonction des dopages de la base et de l'émetteur respectivement ; nous avons constaté que pour l'influence du dopage Na (Fig IV-19) la réponse spectrale diminue graduellement du faible dopage jusqu'au fort dopage, pour le dopage de l'émetteur Nd, la (Fig IV-20) a montré que la réponse spectrale est indépendante de la valeur du dopage.

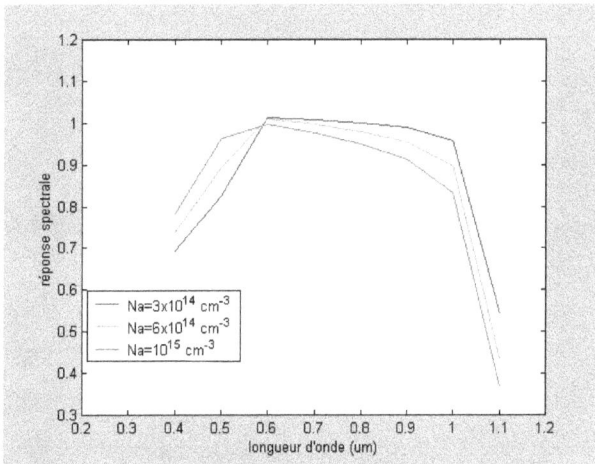

Fig IV-19 Variation de la repense spectrale en fonction de
la longueur d'onde en variant le dopage Na.

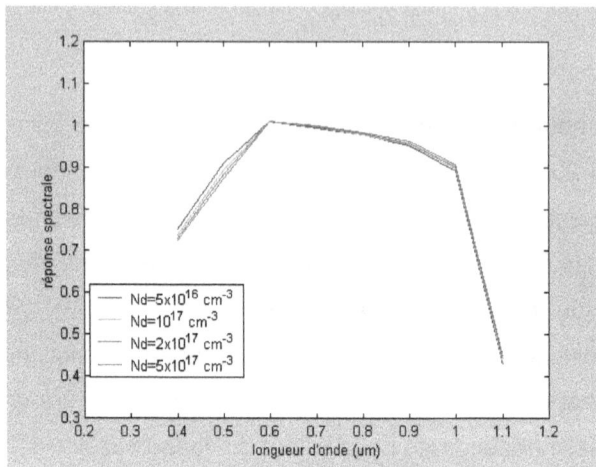

Fig IV-20 : Variation de la réponse spectrale en fonction de
la longueur d'onde en variant le dopage Nd.

7) Influence du gap de CIGS (Ug2)

Comme il est indiqué précedament dans la théorie, l'un des avantages de l'alliage quaternaire Cu(In,Ga)Se $_2$ (CIGS) est la possibilité de varié le gap (Ug2) de 1.04 eV à 1.68 eV. Pour avoir l'influence de cette variation, nous avons calculé les caractéristiques de sortie de la cellule photovoltaïque CdS/CIGS, les résultats sont résumés dans le Tableau IV-4 :

Ug2 (eV)	$I_{sc}(mA)/cm^2$	$V_{co}(mV)$	η(%)	FF(%)
1.04	32.5	570.0	15.11	81.60
1.12	32.4	646.6	17.43	83.18
1.20	32.1	723.1	19.60	84.42
1.28	31.3	799.3	21.42	85.63
1.32	30.4	836.9	**21.89**	86.02

1.36	27.4	872.0	20.70	86.56
1.44	18.3	939.5	14.99	87.16
1.52	16.4	1013.5	14.61	87.92
1.60	09.3	1076.2	08.82	98.00
1.68	08.9	1151.9	8.78	85.64

Tableau IV-4

La variation du rendement de conversion η en fonction du gap de la base (Ug2) est représentée par la (Fig IV-21), le rendement présente un maximum η=21.89% pour Ug2=1.32 eV, et les meilleurs rendements se trouvent dans l'intervalle [1.12 1.36]eV.

Sur la (Fig IV-22) nous effectuons une comparaison entre les deux courbes I(V)obtenus par nos résultats de simulation et les résultats expérimentales pour les cellules solaires à base de CIGS pour un gap Ug2=1.12 eV.

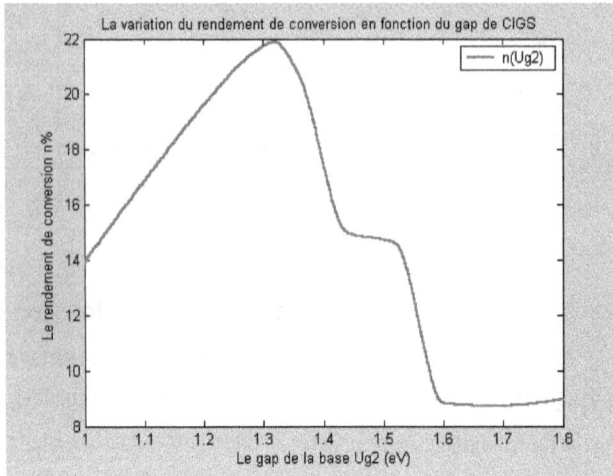

Fig : IV-21 La variation du rendement de conversion en fonction du gap Ug2

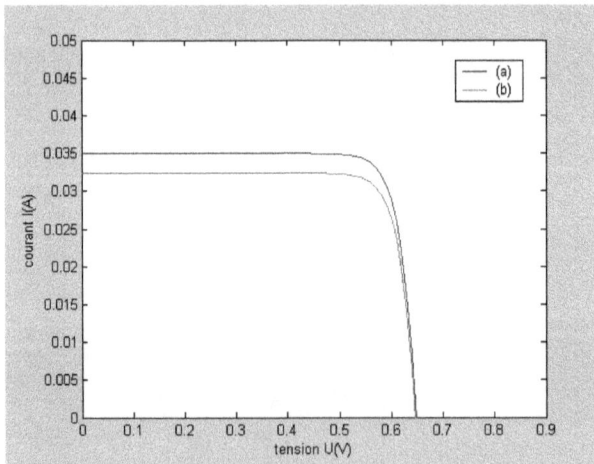

Fig IV-22 : Comparaison entre les résultas des cellules solaires à base de CIGS

a) résultas des meilleurs cellules solaires présentés par Ref [43], b) résultas de notre simulation

92

La cellule solaire	$I_{sc}(mA)/cm^2$	$V_{co}(mV)$	$\eta(\%)$	FF(%)
a	35.2	678.0	18.8	78.6
b	32.4	646.6	17.43	83.18
L'écart entre a et b en %	7.95	4.63	7.28	5.5

Tableau IV-5

Le (*Tableau IV-5*) nous présente la comparaison entre les résultats des caractéristiques de sortie pour les deux cas précédents. On voit que la différence entre les deux résultas est inférieure de 8%. Donc, d'après la (Fig IV-22) et le (Tableau IV-5), les résultats sont rapprochés, voir semblables vers les Vco. Nous pouvons affirmer que les deux résultats sont concordés.

Conclusion

Nous avons dans ce chapitre extrait et optimisé les caractéristiques de la cellule solaire CdS/CIGS .

Comme une première étape cette structure nous donne un courant **Isc=31.2 mA**, un **Vco=658.3 mV** et le rendement de conversion est de **η=17.13%.**

L'optimisation du dopage de la base et de l'émetteur nous donne : **Na=6x10^{14} cm^{-3}, Nd=5x10^{17} cm^{-3}.**

Les caractéristiques de sortie optimales qui leurs correspondent sont :

Isc=32.4 mA , Vco= 646.6 mA , η=17.43% , FF=83.18%

Dans le but de connaître l'influence du dopage sur la réponse spectrale, nous avons tracé les réponses spectrales en fonction des dopages de la base et de l'émetteur respectivement ; nous avons constaté que pour l'influence du dopage Na, la réponse spectrale diminue graduellement du faible dopage jusqu'au fort dopage, pour le dopage de l'émetteur Nd, la réponse spectrale est indépendante de la valeur du dopage.

La variation du rendement de conversion η en fonction du gap de la base (Ug2), présente un maximum η=21.89% pour Ug2=1.32 eV, et les meilleurs rendements se trouvent dans l'intervalle [1.12 1.36]eV.

Avec la comparaison des caractéristiques de sortie entre nos résultats et les résultats expérimentales des cellules solaires à base de CIGS du gap de Ug2=1.12 eV, nous pouvons affirmer que les deux résultats sont concordés.

Conclusion générale

Conclusion Générale

Nous avons dans ce travail étudié la cellule solaire en couches minces CdS/Cu(In,Ga)Se$_2$, avec les paramètres géométriques suivantes; une surface de 0.5 cm^2, un émetteur (CdS) de 50 nm et une couche absorbeur (CIGS) de 1.5 µm.

La première étape de notre travail a été le calcul du photocourant délivré par chaque zone de la cellule; le courant de l'émetteur (Ip), de la base (In) et le courant de la photogénération de la ZCE (Ig), pour un dopage Na=10^{15} cm^{-3}, Nd=10^{17}cm^{-3}, un gap pour le CIGS Eg$_2$=1.12 eV.

Lors du calcul, nous avons remarqué que le courant de la zone de charge d'espace (Ig) est le courant dominant dans la cellule, il est de l'ordre 10^{-3}A où In est de l'ordre 10^{-4}A et Ip est de l'ordre de 10^{-5}A. L'allure du photocourant total Iph presque la même que celle du Ig, cela expliqué par la grande différence entre le courant de la photogénération et les courants des diffusions de l'émetteur et de la base.

Notre deuxième étape a consisté à simuler l'équation I(V) par la méthode de newton en vu d'extraire l'allure du caractéristique I(V).

Après avoir tirer les caractéristiques de sortie de la cellule, nous avons effectué l'optimisation des paramètres technologiques, en l'occurrence le dopage; c'est notre troisième étape. Nous avons déterminé, en premier lieu le dopage de la base, nous avons fait varier le dopage de la base entre 10^{14} cm^{-3} et 10^{16}cm^{-3} en fixant les autres paramètres, la valeur du rendement prend une croissance jusqu'à un η$_{max}$=17.37% pour Na=6x10^{14} cm^{-3} et Iph=32.3 mA puis elle décroît avec l'augmentation du dopage.

Après avoir déterminé le dopage de la base, nous avons calculé celui de l'émetteur, nous avons fait varier le dopage Nd entre 5x10^{16}cm^{-3} et 5x10^{17} cm^{-3}, la cellule présente un rendement de conversion η=17.43% pour Nd=5x10^{17}cm^{-3}.

Dans le but de connaître l'influence du dopage sur la réponse spectrale, nous avons tracé les réponses spectrales en fonction des dopages de la base et de l'émetteur respectivement ; nous avons constaté que pour l'influence du dopage Na, la réponse spectrale diminue graduellement du faible dopage jusqu'au fort dopage, pour le dopage de l'émetteur Nd, la réponse spectrale est indépendante de la valeur du dopage.

La variation du rendement de conversion η en fonction du gap de la base (Ug2), présente un maximum η=21.89% pour Ug2=1.32 eV, et les meilleurs rendements se trouvent dans l'intervalle [1.12 1.36]eV.

Avec la comparaison des caractéristiques de sortie entre nos résultats et les résultats expérimentales des cellules solaires à base de CIGS du gap de Eg=1.12 eV, nous pouvons affirmer que les deux résultats sont concordés.

Notre étude nous a conduit à des résultats intéressants qui montrent clairement, que les performances de la cellule sont contrôlés précisément par celle de la zone de charge d'espace qu'appartient de la couche absorbeur de CIGS qui devra être intéressant pour la recherche dans le domaine de la photovoltaïque avec leur cœfficient d'absorption élevé ainsi que, la possibilité de varier leur gap, le fait qui permet d'augmenter le rendement de conversion.

BIBLIOGRAPHIE

BIBLIOGRAPHIE

[1] : S.Duchemin, N. Romain, « Caractérisations de couches minces de $CuGaSe_2$ obtenues par MOCVD », Thèse de doctorat, Science et techniques du Languedoc, Université de Monpellier II, 1999.

[2] : J. L. Shy, S. Wagner, K. Bachmann, E. Buehler et H. M. Kasper, (1975) Proc. 11th IEEE Photovoltaic Spec. Conf., Phoenix, p. 503-507.

[3] : Ariswan, « Fabrications et étude de composes quartenaires $Cu(In_{1-x},Ga_x)Se_2$ et $Cu(In_{1-x},Ga_x)_3Se_5$ polycristallins et en couches minces obtenues par EVAPORATION-FLASH pour des applications photovoltaïques », Thèse de doctorat, Science et techniques du Languedoc, Université de Montpellier II, 2002.

[4] : R. A. Mickelsen, and W. S. Chen, 16 th IEEE Photovoltaic. Solar Ennergy Conference. , New York, (1982) 781.

[5] : R. A. Mickelsen et W. S. Chen (1982), Polycristalline thin-film $CuInSe_2$ cells, Proc. 16th IEEE Photovoltaic Specialists Conf., San Diego, IEEE Press, Piscataway, 781-785.

[6] : K. C. Mtchell, E.Ermer J. and D. Pier, Single and tandem junction CuInSe2 cells and module technology, Proc. 20th. IEEE photovoltaic Specialists Conf., Las Vegas. (1988), IEEE Press, Piscataway, 1384-1389.

[7] : M. V. Yakushev, H.Neuman, R. D. Tomlinson: Cryst. Res. Technol. Vol.30. pp.121-128. (1995).

[8] : M. A. Contreras and all, Towards 20% efficiency in Cu(In, Ga)Se2 pollycristalline solar cells, prog. Photovoltaic Res. Appl. 7, 311-316.

[9] : A. Ricaud, « Photopiles solaires de la physique de la conversion photovoltaique aux filières, matériaux et procédés », presses polytechniques et universitaires romandes.

[10] : A. Laugier et Jean-Alain Roger, "Photopiles solaires du matériau au dispositif" technique et documentation paris, 1981.

[11] : S. M. Sze « physics of semi conductor devices » john Wiley et sons (2nd edition 1981).

[12] :R. Legros, « les semiconducteurs , Physique des semiconducteurs Technologie-Diodes », Eyrolles 1974.

[13] : Bailly, « Thermodynamiques : Rayonnement Bordas, 1979.

[14] : H. Mathieu, « Physique des semiconducteurs et des composants électroniques » Cours, 2e CYCLE . Ecoles d'ingénieurs, 5e édition, Dunod -2001.

[15] : Review paper, Silicon photovoltaîc cells, solid state electronics, vol 24, pp 595-619 (1981).

[16] : Green. Solar cells operating principales technology and system applications 1982.

[17] : H. Ranschenback, Electrical out put of shadowed solar array, Hand book, 1981, USA.

[18] : Grove, "Technologie de l'etat solide".

[19] : H. Neuman, I-III-VI$_2$ ternary compounds (1990).

[20] : L. I. Haworth, I. S. KL-safer, and R. D. Tomlinson: power Diffraction Vol. 3, N°1 march(1988) .

[21] : James E. Bernard, and Alex Zunger, Physical Review B 37 (1988) 6835.

[22] : K.J. Bachman, M. Fearheiley, Y.H. Shing and N. Tran, *Appl. Phys. Lett.* 44 (1984) 407 .

[23] : M. V. Yakushev, H.Neuman, R. D. Tomlinson : Cryst. Res. Technol. Vol.30. pp.121-128. (1995) .

[24] : M. Robbins, J. C. Philips, V. G. Lambercht,, J. Phys. Chem. Solids, 34 (1973) 1205 .

[25] : W. Horig, W. Moller, H. Neumann, E. Reccus, G. Kuhn, Phys. Stat Sol. B92(1979) K1 .

[26] : M. Contreras, B. Egaas, K. Ramanathan,, Prog. Photov. 7 (1999) 311 .
A. Jasenek, U. Rau, V. Nadenau, D. Thiess, H. W. Schock,, Thin Solid Films 361-362 (2000) 415.

[27] : Julie E. Avon, Kajornyod Yoodee, John Woolley, J.Appl.Phys. 55(2), (1984) p.524 .

[28] : D. L. young, J. Abushama and all, "A new thin-film CuGaSe$_2$/Cu(In,Ga)Se$_2$ bifacial, tandem solar cell with both junctions formed simultaneously ", 29th IEEE PV Specialists Conference, New Orleans, Louisiana, May 20-24, 2002, NREL/CP-520-31440.

[29] : T. Wada. S. Nishiwaki, Y. Hashimoto and T. Negami, Effect of PVD Condition on Quality of Cu(In,Ga)Se$_2$ Films, 16th European photovoltaic Solar Energy Conference, May 2000, Glasgow, Uk.

[30] : A. Goetzberger, C. Hebling, Solar Energy Materials and Solar Cells 62 (2000) 1.

[31] : A. Jasenek, U. Rau, V. Nadenau, D. Thiess, H. W. Schock,, Thin Solid Films 361-362 (2000) 415 .

[32] : J. Krustok, J. H. Schon, H. Collan, J. Madasson, E. Bucher,, J. Appl. Phys. 86 (1999) 364 .

[33] : J.E.Jaffe, and Alex Zunger, Physical Review B 29 (1984) 1882-1905 .
Gaelle Orsal, Thèse de doctorat Université Montpellier II (2000) .

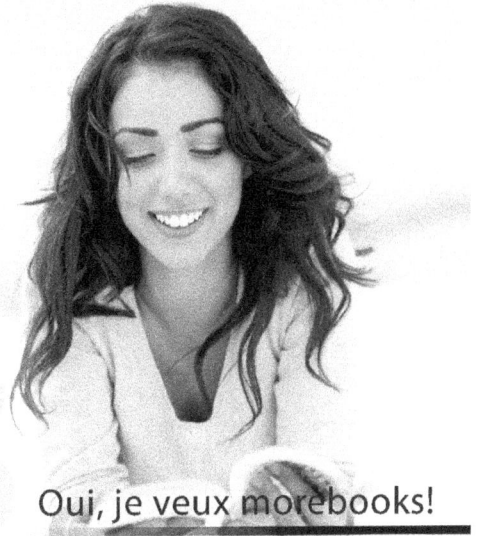

www.ingramcontent.com/pod-product-compliance
Lightning Source LLC
Chambersburg PA
CBHW021118210326
41598CB00017B/1488